EXPOSITION UNIVERSELLE DE 1867
A PARIS

RAPPORTS DU JURY INTERNATIONAL

PUBLIÉS SOUS LA DIRECTION

DE M. MICHEL CHEVALIER

Classe 71

LÉGUMES ET FRUITS

RAPPORTS

DE

MM. PÉPIN, BIGNON, L. WITTMACK et le marquis d'ARCICOLAR

PARIS
IMPRIMERIE ET LIBRAIRIE ADMINISTRATIVES DE PAUL DUPONT
45, RUE DE GRENELLE-SAINT-HONORÉ, 45

1867

EXPOSITION UNIVERSELLE DE 1867
A PARIS

RAPPORTS DU JURY INTERNATIONAL

PUBLIÉS SOUS LA DIRECTION

DE M. MICHEL CHEVALIER

CLASSE 71

LÉGUMES ET FRUITS

RAPPORTS

DE

MM. PÉPIN, BIGNON, L. WITTMACK
ET LE MARQUIS D'ARCICOLAR

PARIS
IMPRIMERIE ET LIBRAIRIE ADMINISTRATIVES DE PAUL DUPONT
45, RUE DE GRENELLE-SAINT-HONORÉ, 45

1867

CLASSE 71

LÉGUMES ET FRUITS

SECTION I

FRUITS ET LÉGUMES A L'ÉTAT FRAIS

PAR M. PÉPIN.

CHAPITRE I.

FRANCE.

Depuis vingt ans, et surtout dans ces dernières années, les fruits de toute sorte ont été, sur beaucoup de points de l'Europe, et de la France en particulier, améliorés d'une manière très-sensible, au point que les fruits médiocres ou de peu de valeur ont presque entièrement disparu de nos marchés; tels sont le petit blanquet ou muscat, la poire à la perle, etc. Ils ont été remplacés par de nouvelles variétés beaucoup plus grosses et de qualité très-supérieure. Il en est de même de certaines variétés de cerises inférieures, qui ont fait place aux cerises anglaises, hatives et tardives, la reine-Hortense, la princesse-Eugénie, etc.

Les fruits à couteau ont de tout temps été recherchés en France pour leur bonne qualité ; mais ce n'est qu'en 1580 que l'on s'est occupé de décrire les meilleures espèces et d'établir l'époque de leur maturité, afin de les répandre et de les multiplier dans nos vergers. En 1835 ou 1836, la culture des arbres à fruits a pris un grand développement, et, depuis cette époque, il s'est fait sur plusieurs points de la France de nombreux semis, qui ont produit des variétés très-remarquables. Depuis 1860 et 1862, les marchés de Paris sont abondamment pourvus de fruits de toute sorte, qui arrivent, non-seulement des environs de la capitale, mais aussi en quantités considérables de l'Auvergne, de la Picardie, d'Orléans, Tours, les Andelys, Nantes, Lyon, Saumur, Angers, du midi de la France et de l'Algérie, qui en envoient par wagons et souvent aussi par bateaux. Parmi les fruits de saison, les poires entrent pour une bonne part. En 1852, le chiffre était de 150,223,000 kilogrammes, et, dans ces dernières années, Paris en recevait plus de 200 millions de kilogrammes, dont une grande partie était ensuite dirigée sur Dieppe et le Havre, pour être expédiée en Angleterre et dans le nord de l'Europe.

Voici une statistique, publiée en 1864 dans les bulletins du Comice horticole de Maine-et-Loire, sur l'extension qu'ont prise dans la ville d'Angers et ses environs la culture et la plantation des arbres fruitiers. Les expéditions faites par les pépiniéristes et les marchands de fruits de cette ville ont été relevées sur les registres du chemin de fer; les chiffres offrent par conséquent toutes les garanties d'authenticité.

Du 1er juillet au 31 janvier, il est parti de la gare d'Angers 695,151 kilogrammes de poires. Le maximum de cette expédition a eu lieu pendant le mois d'août, qui présente un total de 313,268 kilogrammes, soit, en moyenne, environ 10,000 kilogrammes par jour. Nous ne parlons ici que des meilleurs fruits de table, tels que les variétés Louise-bonne d'Avranches, duchesse-d'Angoulême, Saint-Germain, beurré-diel, Daremberg, doyenné d'hiver, etc., qui forment le fond de cette industrie comme poires de luxe. Mais il en est un grand nombre, moins belles de forme et, par conséquent, beaucoup moins chères, auxquelles on donne le nom de poires à la pelle, parce qu'elles sont chargées en vrac, à même le wagon, et n'ont besoin pour emballage que d'un peu de paille. Ces fruits sont vendus dans les rues de Paris à des prix accessibles à toutes les bourses; aussi sont-ils très-recherchés de la classe ouvrière et des ménagères qui les font cuire et en préparent ainsi un aliment sain et peu coûteux, qui est à la fois un supplément économique et une diversion agréable à l'alimentation ordinaire. Après le mois d'octobre, pendant lequel il en est expédié 134,698 kilogrammes, les envois diminuent notablement; en novembre, on ne compte plus que 19,148 kilogrammes; en décembre 2,685, et en janvier 150, puis rien en février. Il faut dire que, pendant ces derniers mois, il n'y a plus que des fruits d'hiver, qui sont des fruits de luxe.

On peut donc juger, d'après les innombrables envois de même nature qui se font de tous les points de la France, de la quantité des fruits qui s'expédient sur la capitale et dans les pays étrangers, et l'on remarquera que nous ne citons que les poires; nous ne parlons pas des pommes, raisins, cerises, groseilles et fruits à noyau, dont l'industrie tire un si grand parti pour la distillerie et les conserves. On peut estimer le prix moyen de ces fruits à 30 centimes le kilogramme, ce qui donne une somme de 208,545 francs pour les poires seulement, et si l'on ajoute une somme égale pour celles qui ont été expédiées par les autres gares du département, on obtiendra un chiffre de 417,090 francs.

Dans certaines contrées de la Normandie, l'arboriculture fruitière se pratique d'une manière toute spéciale. Aux Andelys, par exemple, où l'on rencontre de nombreuses petites vallées, dont la couche de terre végétale atteint une assez grande profondeur, les arbres fruitiers se développent avec vigueur, les pommiers et les poiriers à hautes tiges, greffés sur franc, y atteignent de grandes proportions. Il n'est pas rare de voir quelques-uns de ces arbres rapporter de 40 à 80 francs par an. Les poires duchesse-d'Angoulême se vendent en gros par milliers ; il en est de même du doyenné gris d'hiver, de la crassanne, du beurré-magnifique, Saint-Germain, catillac, bon-chrétien d'hiver, etc. Il est plusieurs de ces cultivateurs qui vendent pour 8 à 10,000 francs de fruits. Les framboisiers et les groseilliers à grappes produisent encore annuellement, à chacun des cultivatenrs, de 600 à 1,000 francs de fruits, qui presque toujours sont achetés pour l'Angleterre. La plaine de l'Ery, la vallée de la Seine, depuis Louviers, Gaillon, le petit et le grand Andelys, sont, comme disait un historien de Gisors, la Touraine normande. En effet, ces localités de la Normandie peuvent être, à juste titre, comparées à la Touraine pour la grande fertilité des vergers et la beauté des fruits que l'on y récolte.

Jusqu'en 1792, les pommiers de reinette grise et les poiriers de bon-chrétien d'hiver étaient cultivés en grand dans ces contrées ; les fruits étaient vendus sur pied à des marchands en gros qui les envoyaient par caisses, bien emballés, aux riches colons de Saint-Domingue. Chaque fruit était mesuré et devait avoir la grosseur indiquée. Il en est encore de même aujourd'hui ; seulement on se sert à cet effet du diacarpomètre, et tous ces beaux fruits sont vendus en partie pour être expédiés en Angleterre, en Suède, en Norwége et même dans l'empire de Russie.

A côté de ces bonnes et anciennes variétés de fruits, on en a introduit quelques nouvelles dont le débouché est également assuré. Ce sont les poiriers beurré-diel, beurré-rance, beurré d'Aremberg, bon-chrétien d'Espagne, curé, etc. Les variétés de poiriers à fruits à couteau, cultivées spécialement dans ces localités, sont au nombre de seize ; elles sont toutes demandées pour le haut commerce. Les pommiers reinette du Canada, calville blanc, reinettes franche, grise, de Bretagne, etc., sont également cultivés sur une grande échelle et ont la même destination.

Comme nous le disions plus haut, les poires gros et petit muscat, à la perle, etc., disparaissent depuis quelques années : on ne les trouve plus que très-rarement sur nos marchés. Elles sont remplacées avec avantage par la poire William, variété excellente très-multipliée aujourd'hui en Anjou, et par les poires de Madeleine, de coq, épargne, etc.

Les raisins de toute sorte sont très-appréciés en France. Nous recevons, dès les premiers jours de juillet, des raisins de table provenant de l'Algérie, de l'Espagne et du midi de la France : ce sont les raisins chasselas et de malaga qui se vendent à Paris, à cette époque, 2 à 3 francs le kilogramme. On est arrivé, par les procédés de conservation, la culture forcée et la précocité due aux climats plus chauds de certaines contrées, à en avoir constamment de frais pendant toute l'année.

MM. Lavielle et d'Imbert, propriétaires dans le département de Lot-et-Garonne, ont établi sur la côte, au midi de la vallée de la Garonne, des plantations de vignes chasselas blanc disposées en treilles basses de 1m50 de haut, qui rapportent de 4 à 5,000 francs l'hectare. Ces raisins se vendent de 23 à 25 francs le quintal. Il est à remarquer que les raisins blancs résistent mieux au soleil que les raisins noirs et rouges, ces derniers étant souvent brûlés par le rayonnement.

La culture des fraises et des framboises a fait aussi de grands progrès par l'amélioration des variétés obtenues de semis. La grande production de ces fruits permet de les vendre, en pleine saison, de 40 à 50 centimes le kilogramme. La culture des groseilliers épineux dits à maquereau et des groseilliers cassis s'est également améliorée. L'emploi considérable de ces fruits par les confiseurs et les distillateurs a fait que la culture de ces arbustes s'est étendue dans plusieurs de nos départements. Il en est expédié aussi de très-grandes quantités en Angleterre.

Les pêches cultivées dans les jardins des environs de Paris

sont très-recherchées pour la finesse de leur chair et pour leur parfum. Les communes de Montreuil, Bagnolet, Charonne et Vincennes en fournissent non-seulement la capitale, mais aussi l'Angleterre et quelques contrées du nord de l'Europe. Elles sont employées par les confiseurs pour en faire d'excellentes conserves. Les pêchers du Midi apportent déjà leur contingent; mais lorsqu'on aura fixé quelques bonnes variétés autres que les pêches-pavie, et les avant-pêches jaunes, dont la chair a l'inconvénient de tenir au noyau, le commerce en sera plus considérable.

Parmi les arbres à fruits à noyau, le prunier Questche et le merisier sont très-recherchés en France et dans plusieurs parties des États de l'est et du nord de l'Europe pour pruneaux et distilleries. Dans le midi de la France, le prunier d'Ente (dit prune d'Agen) est cultivé en grand et ses fruits sont transformés en de magnifiques pruneaux, qui sont envoyés à Agen, l'entrepôt et le centre du commerce de ces produits, qui donnent lieu à des transactions s'élevant chaque année à plusieurs millions de francs.

Pour nous résumer, nous dirons que l'arboriculture fruitière française jouit en Europe d'une réputation incontestée, qu'elle doit, du reste, aux diverses expositions du sol et au climat tempéré de la France, conditions éminemment propices à la culture des arbres fruitiers. En Belgique, la pomologie joue aussi un grand rôle : les meilleurs fruits se substituent aux mauvais. La Hollande et une partie de l'Allemagne se tiennent au courant des bonnes espèces et de celles surtout qui sont de conserve. C'est un grand progrès dont les fermiers et les habitants des campagnes ne manqueront pas de tirer un parti très-avantageux.

Algérie. — Nos colons de l'Algérie se tiennent à la hauteur de leur mission; on peut constater, à chacune de nos grandes Expositions, les progrès très-sensibles de leurs cultures, par la variété et le nombre des fruits et légumes qui sont exposés.

Le nombre des planteurs européens était, en 1865, de 728, et les fruits exportés s'élevaient à 9,932,700. Les planteurs indigènes sont plus nombreux : on en compte 2,368 exportant 4,352,880 fruits.

La province d'Alger cultive beaucoup plus d'orangers que les autres provinces : Blidah est le principal centre de cette production. 200 hectares sont cultivés en orangers autour de la ville. On a pu voir, pendant plusieurs mois, les magnifiques oranges de toute sorte ainsi que les limons provenant de cette contrée, et les raisins frais de la même localité envoyés à l'Exposition dans la première quinzaine de juillet.

Parmi les arbres fruitiers, nous citerons les diverses variétés de fruits de bananier, néflier du Japon, goyavier, avocatier, cherimolia, arbres exotiques introduits dans ces dernières années et dont les fruits s'expédient déjà sur les marchés de Paris. La culture des raisins de table est aussi en progrès; les variétés sont bien choisies. C'est une branche assez importante qui devra produire d'excellents résultats. Les fruits indigènes jouissent aussi d'un certain mérite commercial : tels sont l'arbousier, le jujubier, l'azerole, le caroubier, le pistachier, le figuier de Barbarie, etc.

Les fruits cultivés en France et introduits en Algérie y mûrissent deux mois plus tôt sans avoir recours à la chaleur artificielle. Ce sont les abricots, les amandes, les cerises, les figues, les pêches, les raisins, etc., ce qui permet aux colons de les envoyer comme primeurs sur nos marchés où ils trouvent des débouchés très-avantageux. Les arbres fruitiers à feuilles caduques sont cultivés dans les proportions suivantes :

Province d'Alger	722,938
— d'Oran	512,370
— de Constantine	732,937

Il en est de même des légumes qui se consomment à l'état frais ; ainsi depuis le mois de décembre on y récolte les petits pois, les haricots verts, artichauds, pommes de terre, patates, les différentes variétés d'ignames, etc., qui, pendant trois mois, sont expédiés à Paris et dans plusieurs villes de France, en Angleterre, etc.

Les dattes, qui sont la base de la nourriture des peuplades du Sahara, tiennent aussi une certaine place dans le commerce d'exportation. La région des Zibans, au sud de la province de Constantine, est le point où la culture du dattier est pratiquée avec soin et où ses produits acquièrent de grandes qualités. Cette région compte dix-neuf oasis, dont Biskra est la principale, puis Lagouat, dans la province d'Alger, qui est un autre centre de la culture du même arbre. Le dattier a produit, comme la plupart de nos arbres fruitiers, un très-grand nombre de variétés obtenues de semis. Dans une collection venant des pépinières de Biskra, on en compte cent trente-sept, toutes distinctes par la forme et la grosseur des fruits ; dans les Zibans, quatre-vingt-dix variétés. La maturité des dattes, suivant les espèces, a lieu du 15 août au 15 octobre.

La nomenclature de toutes les variétés de dattes qui existent dans les oasis du sud de l'Algérie n'a pas encore été établie d'une manière complète ; mais on possède l'indication de toutes celles qui se rencontrent dans les principaux centres de production, notamment aux environs de Biskra, province de Constantine.

Biskra est pour les dattes ce que Blidah est pour les oranges. C'est dans un rayon de 25 à 30 lieues autour de cette oasis que l'on récolte les meilleures dattes de la colonie, lesquelles rivalisent avec ce qu'il y a de mieux dans ce genre, soit en Tunisie, soit au Maroc.

On ne compte pas moins de cent cinquante variétés de dattes aux environs de Biskra ; elles se divisent en deux sortes très-distinctes, les dattes dures et les dattes molles, les unes et les autres très-estimées suivant l'usage auquel elles sont destinées. Les dattes dures (genre Jabès) sont toutefois plus recherchées que les dattes molles (genre el fakhir), qui se vendent ordinairement réunies en gros pains pressés de 60 à 80 kilogrammes.

Les dattes de qualité tout à fait supérieure sont :

1° La Deguela nour (la datte de la lumière), qui a une transparence et une finesse hors ligne ;

2° La M'kentechi Degla (la mère de Kentech), qui se conserve bien et est presque aussi sucrée que la précédente ;

3° La Deguela el Beïda (datte blanche), bonne qualité, longue, grosse et sucrée, avec laquelle on fait d'excellentes confitures ;

4° El Herra (la pure), de qualité supérieure, une des meilleures du pays ;

5° El Haloua (la sucrée), bonne variété ;

6 El Hachaïa (la datte entassée), bonne qualité, estimée, s'emploie en droguerie.

Le prix des dattes est en moyenne de 5 francs le double décalitre pour les qualités supérieures ; il suit d'ailleurs celui du blé ; les qualités ordinaires se vendent de 2 à 4 francs et même moins cher.

Le palmier se multiplie par drageons que l'on détache des palmiers femelles au printemps. Ce moyen de multiplication est toujours employé pour conserver les bonnes espèces.

Les semis donnant plus de mâles que de femelles et produisant toujours de mauvaises dattes, on a complétement renoncé à ce mode de reproduction. On ne conserve de palmiers mâles que le nombre strictement nécessaire pour la fécondation.

M. Thélou est le premier, parmi les Européens, qui ait introduit, dans les régions algériennes du Sahara, la manière de confire usitée dans les autres pays. Chaque année, il se rend dans ce but en Algérie et il en rapporte d'énormes quantités de dattes, qui sont actuellement presque les seules que le commerce français livre à la consommation. Elles sont certainement aussi bonnes, sinon meilleures, que celles de Tunis et du Maroc.

En général, les produits végétaux qui ont figuré à cette exposition étaient en tous points très-remarquables.

CHAPITRE II.

PAYS ÉTRANGERS.

Angleterre. — La culture maraîchère de Londres et des diverses provinces de la Grande-Bretagne est très-avancée. Outre les légumes ordinaires, deux plantes y sont très-répandues : c'est la rhubarbe (rheum) et les diverses variétés de concombres. Ces derniers sont très-recherchés sur les tables et sont cultivés en serre ou sous châssis, afin d'en avoir dans presque tous les mois de l'année. Le climat de l'Angleterre n'est pas favorable à la culture des arbres fruitiers. A l'exception des pommiers et des poiriers, la plupart des autres espèces sont plantées dans des serres, où, grâce au savoir et à l'habileté bien connus des horticulteurs anglais, ils produisent de beaux et excellents fruits. Les pêchers et généralement les fruits à noyaux y sont remarquables.

Les raisins de table sont cultivés également en serre, au nombre de vingt-cinq à trente variétés, mais il n'en est guère que cinq ou six qui soient spécialement destinées au commerce ; ce sont les Blackhambourg, Frankental, Chasselas, Muscat, Alicante noir, Tokai, etc.

Il n'est pas rare de voir dans l'intérieur des serres des grappes de quelques-unes de ces variétés et notamment du Blackhambourg, peser 4 kilogrammes et mesurer 0,30 centimètres de longueur sur 0,20 centimètres de diamètre. C'est surtout aux environs de Londres, Liverpool et autres villes d'Angleterre que la culture forcée des fruits et des légumes se fait en grand avec beaucoup de succès. La culture du groseillier épineux, dit à maquereau, y est aussi très-appréciée.

Pendant les premiers mois de l'année, on cultive en serre

ou sous châssis les asperges et plusieurs espèces de légumes, dont les premières feuilles, enlevées toutes jeunes avec leurs tiges et racines, sont mises en bottes et envoyées au marché. Ce sont les choux-laitue, chicorée, cresson, cerfeuil. oseille, etc., qui servent à confectionner les potages. En somme, ce sont des légumes verts dont la culture se fait également et avec succès dans les Pays-Bas.

En général, la culture des fruits forcés en Angleterre est une des branches les plus remarquables de l'horticulture de ce pays.

Russie. — Le climat de la Russie n'est pas partout favorable à la culture des fruits ; cependant il est des provinces, comme Odessa, où la vigne et l'olivier prospèrent.

Dans cet empire, on trouve cultivée depuis bien des années une ancienne espèce de pomme blanche et transparente, nommée *pomme d'Archangel*. On y rencontre aussi à l'état spontané le *pommier de Sibérie* (Malus baccata), le *cornouiller* (Cornus mas), la *caneberge* (Vaccinium vitis idea), le *noisetier* à gros fruit, l'*épine-vinette* (Berberis vulgaris). Tous ces fruits, presque à l'état sauvage, sont récoltés avec soin.

Mais la Russie reçoit de la Tauride, dont le climat est plus tempéré, un assez grand nombre de bons fruits, parmi lesquels sont les diverses variétés de prunier, noyer, amandier, etc. La presque totalité des fruits du nord sont séchés au four ou préparés comme conserves.

En Russie, comme dans tous les pays du Nord, les grands seigneurs ont d'immenses serres, où les arbres fruitiers de toute sorte sont cultivés pour primeurs. Il en est de même des légumes, et nous signalerons une variété de melons très-bonne et très-productive, que l'on nomme melon d'Archangel ; elle est à chair rouge et à côtes, et ressemble à notre melon prescot.

Les légumes sont les mêmes que ceux cultivés dans nos potagers : les diverses variétés d'oignons, l'ail, l'échalotte, les carottes, les variétés de navets et les asperges, les choux, dont une espèce a été importée en France sous le nom de chou de Finlande. C'est une variété de chou-pain-de-sucre très-bon et surtout précoce. Nous citerons aussi le navet de Finlande d'un gris doré, très-fin, tendre et sucré.

Nous avons remarqué dans les lots de légumes exposés deux espèces d'agaric, petit champignon qui croît spontanément dans les bois. On le mange frais ou on le fait sécher pour l'hiver.

Le chou rouge y est cultivé en grand, comme dans les États du Nord et on en fait une grande consommation.

On cultive en Finlande beaucoup de légumes, que l'on dit de très-bonne qualité. Ces légumes sont envoyés en partie dans les grandes villes de l'empire et particulièrement à Saint-Pétersbourg.

Autriche. — Les diverses provinces de l'Autriche produisent, suivant la position géographique de chacune d'elles, de très-beaux et excellents fruits. Les vergers et les jardins sont plantés d'arbres de toute sorte, surtout en Moravie, dans l'Autriche supérieure, la Bohême et la Styrie.

Ces provinces produisent en moyenne annuelle 661,250,000 kilogrammes de fruits et légumes pour le commerce.

Légumes frais importés..........	9,512,050	kilogrammes.
Fruits frais......................	2,287,550	—
Légumes exportés................	11,071,450	—
Fruits frais......................	11,383,000	—

Les pommes de terre tiennent une très-grande place dans la culture; le rendement est de 73,493,730 hectolitres.

Navets et betteraves............	18,220,605	kilogrammes.
Betteraves à sucre..............	925,000,000	—
Choux de diverses variétés......	2,983,300,000	—
Légumes farineux, pois, haricots, fèves, etc..................	784,000,000	—

La plupart des cultures de pommes de terre se font en Gallicie; les choux sont cultivés surtout en Hongrie, et les navets en Bohême et en Hongrie. Tous les légumes y sont de bonne qualité.

Parmi les bons fruits de toute sorte que produisent l'Autriche et le royaume de Hongrie, il faut citer plusieurs variétés de raisins, c'est-à-dire les raisins de table et les raisins propres aux vignobles, dont on tire un grand produit.

L'industrie tire aussi un très-grand parti des fruits, soit pour en faire des liqueurs, soit en les faisant sécher.

En Slavonie, un propriétaire, M. le comte Eltz Veckovar, a préparé depuis 1860 un terrain de 50 hectares sur lequel il a planté des figuiers. Cette culture commence à donner de bons produits, et l'année dernière on en a déjà exporté plusieurs centaines de quintaux.

Prusse. — Les produits de la Prusse se distinguent par la culture des fruits dans la Province Rhénane, la vallée du Rhin et de la Moselle et la plaine du Rhin inférieur; dans la province de Saxe, les vallées de la Saale et l'Unstrut; en Brandebourg, les contrées de Potsdam, Werder, Guben, Zullichau et quelques parties des provinces de Prusse, la Poméranie et la Silésie.

Avant l'annexion, elle cultivait en jardins 183,055 hectares.

On remarquait, dans les collections des États de l'Allemagne, de magnifiques produits en légumes et un grand nombre de variétés de pommes de terre conservées dans l'eau salée. Ce moyen de conservation a pour but d'empêcher les tubercules de germer. L'exportation en Suède et en Russie se fait par la voie de Stettin et de Dantzig, mais l'importation des pays plus méridionaux, surtout de la Thuringe et de la Bohême, est beaucoup plus considérable. Le royaume de Saxe et les autres pays du centre de l'Allemagne font presque partout la culture des légumes et des fruits.

Dans le Wurtemberg, on cultive en grand les pommes de

terre, les petits pois, les choux-fleurs et autres légumes, excepté les lentilles.

Dans tous les lots d'exposants des États de l'Allemagne du Nord, on voyait un grand nombre de fruits séchés au four, tels que pommes, poires, pruneaux, etc.

Danemark. — Les poires et les pommes sont cultivées avec beaucoup de succès dans les îles de Laaland, Falster, Moen, Langeland, dans le Seeland méridional et dans l'île de Fuhmen. Les gros légumes, tels que pois, asperges, tomates, artichauts, melons, etc., y sont abondants et bien cultivés. Les pêchers y réussissent très-bien.

Grand-duché de Hesse. — D'après le relevé des arbres fruitiers qui sont plantés dans les jardins, vergers et sur tout le territoire, le nombre par espèce se répartirait ainsi qu'il suit :

Pommiers	1,409,108
Poiriers	584,429
Abricotiers et pêchers	24,192
Pruniers	3,000,809
Cerisiers	299,601
Noyers	207,544
Total	5,525,683

Norwége.—Les légumes rustiques, les choux, et notamment le chou rouge que l'on fait confire au vinaigre ; l'ail, l'oignon, les choux-raves, les cornichons, etc., y sont cultivés. Les arbres fruitiers n'y réussissent qu'imparfaitement.

Bavière. — Les légumes sont généralement bien cultivés en Bavière. La surface des terrains employés seulement pour la culture de la pomme de terre est de 263,530 hectares. Le rendement moyen est de 24,134,278 hectolitres. La moyenne en hectolitres serait de 89.31.

Dans le Palatinat et à Frankenthal, les pommes de terre sont en première ligne, et l'on pourrait dire qu'elles en forment presque la culture spéciale ; aussi s'en fait-il une grande exportation.

Belgique. — La culture des arbres fruitiers en Belgique est fort étendue. Le gouvernement a fait établir des écoles et des pépinières de ces arbres dans le but de répandre les bons procédés de culture et les bonnes qualités de fruits dans toutes les communes du royaume.

Nous devons à la Belgique un assez grand nombre de bons fruits, surtout dans le genre poirier. On y fait depuis longtemps déjà des semis considérables, et c'est dans ces semis que l'on a trouvé de très-bonnes poires et principalement des espèces tardives qui figurent aujourd'hui avec avantage sur nos tables. Les pommiers y sont également cultivés avec succès, mais il est d'autres arbres qui ne peuvent prospérer sous ce climat ; aussi y voit-on avec beaucoup d'intérêt la culture dans les serres de quelques bonnes variétés de la vigne, du figuier et d'un grand nombre d'autres plantes économiques. Ces cultures, dites de primeurs, sont parfaitement dirigées.

Les asperges, les jeunes pousses de houblon, les choux de diverses variétés, puis les choux de Bruxelles et le chou rouge, dont on fait une grande consommation, sont cultivés en grand et abondent dans la saison sur tous les marchés.

Il se fait en Belgique un grand commerce de fruits et légumes à l'état frais ou conservés par divers procédés.

Suisse. — La plupart des spécimens qui figuraient à l'Exposition se composaient de graines farineuses et surtout de fruits et racines conservés au vinaigre. Les fruits séchés étaient nombreux, et l'on sait que les poires et les pommes sèches forment la base d'une assez grande industrie en Suisse, dont les fruits sont recherchés, après la préparation qu'on leur a fait subir.

Espagne. — Les fruits cultivés en Espagne sont très-variés et très-abondants. Comme en Algérie, on cultive dans le royaume de Valence le bananier, le dattier, les orangers et citronniers, le figuier de Barbarie (Opuntia), etc. Dans les autres provinces ce sont les raisins, figues, olives, amandes, grenades, azeroles, abricots, pommes, poires, etc., suivant le climat et l'altitude. Un grand nombre d'entre eux sont arrosés par irrigation.

On trouve dans la dernière statistique que les raisins frais de table ont produit 1,887,383 kilogrammes, dont 176,935 kilogrammes ont été exportés en Algérie; 114,490 en France, 566,663 en Angleterre.

Le 12 juillet nous recevions de don Miguel Cueto, de Malaga, de magnifiques raisins blanc et muscat récoltés fin de juin et qui ont figuré avec avantage à l'Exposition. Ces raisins envoyés à Paris se vendaient de 2 francs à 2 fr. 25 le kilogramme.

Les raisins font la base d'une branche de commerce importante, et d'après les procédés de conservation que l'on possède et les facilités de transport, on peut aujourd'hui manger des raisins frais toute l'année.

Le nombre d'hectares de vignes irriguées est de 43,433,18.

Celui des vignes non irriguées est de...........1,333,402,41.

Les plantes alimentaires et potagères y sont choisies et de bonne qualité. Les patates roses de Malaga (*Batatas edulis*) produisent un tubercule très-féculent et nutritif. On en récolte 69,584 kilogrammes. Les diverses variétés de melons et melons d'eau (pastèques) se montent à 258,671.

L'ail (*Allium sativum*), dont on fait ainsi que de l'oignon une très-grande consommation, produit à lui seul 65,592 kilogrammes et l'oignon 361,415.

La culture des pommes de terre donne un rendement de 471,294 kilogrammes.

Les tomates, dont on fait un grand usage dans le Midi, se comptent par 8,807.

Les autres légumes verts de différentes sortes représentent un poids de 285,205 kilogrammes.

L'ail dit de Murcie (*Allium ampeloprasum*) est une espèce particulière qui est très-grosse; elle a l'odeur moins forte que l'ail ordinaire (*Allium sativum*), mais elle est beaucoup moins répandue.

Beaucoup de ces produits sont exportés en Angleterre, en France et en Algérie.

Les dattes cultivées en Espagne produisent, en moyenne, 30,739 kilogrammes. Il en est importé du Maroc environ 9,259 kilogrammes, dont 9,085 arrivent par la voie de Gibraltar. Cette importation seule se monte à la somme de 60,145 francs. Il s'en exporte ensuite en France, en Angleterre, etc.

La récolte	des abricots	est d'environ	36,386	kilogrammes.
—	des azeroles	—	101,660	—
—	des grenades	—	55,338	—
—	des prunes	—	72,080	—
—	des pommes	—	121,058	—
—	des poires	—	84,870	—

Une partie de ces fruits est exportée en Algérie, sur les frontières de France et en Angleterre.

Parmi les fruits, nous avons remarqué de très-grosses amandes, très-douces et de bonne qualité, notamment l'amande Jordan et la prune ronde de Longroño, que nous nommons en France, Reine-Claude violette, avec lesquelles on fait d'excellents pruneaux ; les châtaigniers communs et à gros fruits (marrons) et les glands doux du chêne vert (*Quercus ilex*), qui sont recherchés comme fruits alimentaires.

Les provinces de l'Espagne où l'on cultive le plus en grand les figues sont : les îles Baléares, Alicante, Castellon, Saragosse, Almeria, Huelva, Malaga et Cadix.

La production moyenne est de 1,126,500,000 kilogrammes, partagée ainsi :

Pour les	Baléares.............	2,140,000	kilogrammes.
—	Alicante..............	300,000	—
—	Castellon.............	1,122,492,000	—
—	Saragosse.............	60,000	—

Pour	Almeria................	759,000	kilogrammes.
—	Huelva..............	625,000	—
—	Malaga..............	100,000	—
—	Cadix..	24,000	—

La production dans la plupart de ces provinces augmente considérablement.

Exportation en 1864 de figues sèches, 520,918 kilogrammes, dont 178,666 pour l'Angleterre et 52,727 pour la France.

Comme on le voit par ces chiffres, la consommation intérieure absorbe la plus grande partie de la production. Il faut aussi remarquer que dans certaines provinces, comme dans les Baléares, par exemple, on emploie une grande quantité de figues pour engraisser les porcs.

Le prix des figues fraîches est, en moyenne pour toute l'Espagne, de 10 à 20 centimes le kilogramme, selon les qualités et la provenance.

Portugal. — La position géographique du Portugal permet de cultiver un assez grand nombre d'arbres fruitiers exotiques. Les orangers surtout y dominent. Les oliviers, les amandes, les noix, le caroubier, la figue de Barbarie, les diverses variétés de figues et les raisins forment une branche assez importante du commerce.

Les légumes farineux, tels que les haricots, pois, fèves, dolics, pois chiches, lentilles, etc., sans compter l'ail, l'oignon de Malte, les plantes tuberculeuses et la patate rose en particulier, y sont de bonne qualité.

Les colonies portugaises sont très-riches en végétaux exotiques: le cocotier, le dattier, la noix d'acajou, la canne à sucre, et surtout le cacao, dont la culture est très-étendue et qui tient une grande place dans l'économie domestique.

Les ignames, les dolics et plusieurs espèces de haricots des Antilles à très-longues gousses, croissent et mûrissent parfaitement sous ces climats.

Le figuier se cultive sur une grande échelle dans les Algarves, où la consommation de ses fruits est générale. L'exportation peut être évaluée à 5 millions de kilogrammes, représentant une valeur d'un million de francs. Elle se fait principalement pour l'Angleterre, le Brésil, Hambourg et la Belgique.

Italie. — Les fruits en Italie sont très-nombreux et variés; la nature des différents sols, la position géographique et la température sont autant d'éléments favorables à leur production. Ainsi les *raisins*, *figues*, *olives*, *oranges*, *cédrats*; les *pruniers*, *pistachiers*, *caroubiers*, les *noisetiers* et les *amandiers* forment une des principales branches du commerce d'exportation et sont une source de richesse pour les localités où ces cultures prospèrent.

On y cultive aussi le *néflier*, les variétés de *noyers* à gros fruits ainsi que les châtaigniers dont les fruits sont très-remarquables et qui méritent d'être plus répandus dans les localités où cet arbre se développe avec vigueur. Les graines du pin pignon (*Pinus pinea*) sont employées aussi dans la préparation des viandes et des gâteaux.

On trouve dans quelques parties de l'Italie la truffe blanche, dite du Piémont, qui est de qualité médiocre, mais qui cependant a cours dans le commerce et ne laisse pas que de donner un certain résultat commercial.

Les truffes noires se trouvent en Lombardie, mais en petite quantité. Ces tubercules sont également exploités, mais ils n'ont pas l'arome et la qualité des truffes de France, que l'on trouve dans le Périgord et dans quelques autres localités.

Le *câprier* est un petit arbuste sauvage, qui croît spontanément dans les fentes des murs et des rochers et qui, à lui seul, forme une branche de commerce qui n'est pas sans importance. On le cultive aussi dans quelques endroits. C'est, du reste, un produit tout spécial des provinces du Midi.

Les légumes y sont aussi très-abondants; mais il est de certaines espèces dont la culture est plus étendue : ce sont les *melons d'eau* ou pastèques, les diverses variétés de *melons*, *cornichons, concombres* et beaucoup d'autres cucurbitacées, puis les *piments, tomates, melongènes*, les *pois*, le *lupin*, le *pois chiche*, et un grand nombre de variétés de haricots, sont les légumes qui dominent.

Les fruits aromatiques tels que l'*anis*, le *chervi*, la *coriandre* et le *fenouil* y sont cultivés et très-employés dans les aliments.

En Ligurie et dans l'Italie centrale, on fait sécher les figues avec leur peau, soit à l'air, soit au feu. Les Calabrais ont la mauvaise habitude de les enfiler avec un fil de genêt ou d'osier, et les Toscans de les ouvrir en deux pour y introduire du fenouil et de l'anis.

Ce produit réalise une exploitation annuelle de 36,532 quintaux pour la valeur de 2,922,000 francs.

Smyrne. — Les raisins et les figues forment une des principales branches du commerce de Smyrne pour l'exportation. Ce sont principalement les raisins rouges, noirs et sultanines; ces derniers surtout sont excellents; il en est de même des figues, qui sont parfaitement préparées.

Ces fruits s'expédient en boîtes, caisses et barils. Après en avoir pourvu les marchés de l'Europe et de l'Amérique, on en dirige sur les places de la Turquie. La plus grande partie des raisins rouges et sultanines, dits Yerli, proviennent des districts de Chesmé, Vourla et Carabournou.

Les figues d'Aidin et des environs de Smyrne sont très-recherchées par le commerce pour leur bonne qualité.

On récolte par année et en moyenne 6,900,000 kilogrammes de figues; les sept huitièmes environ s'exportent en Europe et en Amérique.

Il a été exposé par MM. Guidici, Krikorian et Dedeyan de bonnes et magnifiques figues ainsi qu'un grand nombre de raisins rouges, noirs et sultanines qui ne laissaient rien à désirer sous le rapport de la préparation et de la qualité.

La ville de Smyrne exporte par année plus de 12 millions de kilogrammes de raisin.

Grèce. — Le nombre des figuiers en Grèce, en 1834, était de 50,000 à peu près; aujourd'hui il y en a plus de 360.000, qui occupent une étendue de 18,000 hectares. Leur produit en 1860 montait à 5,905,416 kilogrammes.

L'exportation des trois dernières années est de :

1862, quintaux...	107,770	Valeur en francs	1,648,627
1863	—	99,621	—	977,136
1864	—	109,163	—	1.203,927

C'est l'Allemagne et l'Autriche qui font la plus grande consommation des figues de la Grèce.

Les abricotiers, les amandiers, les noyers et surtout les vignes forment aussi une branche importante de la culture de ce pays.

Roumanie. — Les légumes et les fruits cultivés en Europe réussissent sous le climat de la Roumanie. Les plus généralement cultivés par les agriculteurs, tant pour leur usage particulier que pour le commerce, sont: les haricots nains et grimpants, les lentilles, les pois et les fèves; les oignons, l'ail et les poireaux; les citrouilles, les melons, les pastèques et les concombres; les choux, les piments, les radis noirs et blancs.

Le paysan roumain étant très-sobre se nourrit presque exclusivement de légumes et de fruits à l'état vert ou sec, ou conservés par le sel. Il ne mange de la viande qu'aux jours de grandes fêtes et mange en été beaucoup de fruits et de cucurbitacées.

L'usage de la pomme de terre est presque inconnu aux populations rurales; on ne la cultive que pour les habitants des villes ou pour la fabrication de l'eau-de-vie.

La production annuelle des haricots et des lentilles est de

12,816,502 oceas (1); celle de la pomme de terre est de 9,247,943.

Les jardins sont exploités par des étrangers (Français, Allemands et surtout Bulgares). Dans les campagnes, les jardiniers cultivent sur une grande échelle les aubergines, les tomates, les cornes grecques, les salades, les carottes, les navets, les betteraves, le céleri, le persil, le fenouil, les pois chiches, qui tous ne servent qu'à l'alimentation de la population. Dans les villes on s'occupe aussi de la culture des artichauts, des asperges, des choux-fleurs, des choux de Bruxelles, etc.

Les jardins potagers et fruitiers occupent dans le territoire de la Roumanie une surface de 300,477 pogènes ou 150,000 hectares environ (2). Il est à remarquer qu'on n'y emploie aucun engrais et que l'arrosage s'y opère au moyen de roues hydrauliques et de rigoles d'irrigation.

Parmi les arbres fruitiers, il faut placer en première ligne le *prunier*, dont la culture se fait principalement en vue de la fabrication de l'eau-de-vie. Les pommiers, poiriers, cerisiers, abricotiers, pêchers et coignassiers sont, après lui, les arbres fruitiers les plus usités. Ils présentent chacun plusieurs variétés. La pêche à chair dure et sanguine, assez rare en Europe, est celle qui réussit le mieux.

Tous ces arbres sont cultivés principalement par les populations qui habitent la région des collines situées entre les monts Carpathes et la vallée du Danube. Dans les villes, on trouve aussi des jardins fruitiers offrant des espèces très-variées. Les grands propriétaires et les principaux couvents ont ordinairement des vergers très-bien fournis.

L'amandier et le figuier réussissent médiocrement à cause de la rigueur des hivers. Le noyer est un des arbres fruitiers les plus répandus en Roumanie, surtout dans les localités les plus accidentées. Son fruit se consomme frais ou sec; dans les

(1) L'occa égale 1k 288.
(2) Un pogène égale 0h 501,179.

districts montagneux (principalement celui de Gorge), on en extrait une huile excellente.

On trouve dans presque tous les taillis le *noisetier* à l'état sauvage; le *merisier* se rencontre dans les bois montagneux, son fruit est employé pour la fabrication des confitures, comme, du reste, presque tous les fruits.

On trouve aussi le poirier et le pommier à l'état sauvage. Les paysans roumains les greffent le plus souvent, considérant cette opération comme un acte de piété. Dans les bois montagneux, on trouve en abondance le framboisier, le mûrier sauvage, le néflier, le cassis, dont on consomme le fruit.

Les groseilliers sont cultivés dans les jardins. Les fruits, tels que prunes, abricots, cerises, poires, pommes et coings sont conservés par différents procédés pour la consommation en hiver. On sèche ou on fume les prunes en très-grandes quantités et on les conserve, soit entières, soit en pâtes compactes dites *pistil*. Quant aux autres fruits, on les fait sécher ou on les conserve dans l'eau-de-vie.

Égypte. — Les cultures de l'Égypte augmentent chaque année, de même que l'agriculture et l'industrie; la culture jardinière y est en progrès : ainsi les plantes légumières de toute sorte et celles de la famille des légumineuses y sont cultivées en assez grand nombre, tels que les pois, haricots, lentilles, fèves, pois chiches, carottes, tomates, radis, aubergines, raves, navets, oignons, etc.

Les tubercules appartenant à plusieurs familles, surtout ceux de la colocase (*Arum colocasia* ou *Caladium esculentum*), sont très-répandus dans la culture de la basse et moyenne Égypte, dans les terrains bas et humides. On fait une grande consommation de sa fécule, surtout pendant les mois d'automne.

Les tubercules de topinambour (*Helianthus tuberosus*, Linn.) se rencontrent aussi très-fréquemment dans la culture d'été de la basse et moyenne Égypte, où ils réussissent très-bien et donnent un bon rendement, tandis que la culture des pommes de terre y est peu répandue.

Les rhizomes ou tiges souterraines du nymphea, qui croît dans le Nil (*Nymphœa cœrulea*, Byarout des Arabes), tubercules gros comme des châtaignes, sont comestibles; ils abondent dans les lacs et les marécages, à la base du Delta et du Fagoum, et ne reçoivent aucune culture.

Les tubercules du *Cyperus esculentus* et *Melanorrhyza* sont comestibles et farineux ; ils ont un goût de noisette très-prononcé. On en extrait de l'huile douce, qui est employée à divers usages et notamment à faire des émulsions.

La culture des dattes en Égypte est une des branches importantes d'exploitation. Il y en a un assez grand nombre de variétés, dont les fruits se mangent frais et conservés. Voici les principales dattes le plus employées :

1° Datte à pulpe molle, muco-mielleuse, fermentant facilement, passant à l'acide acétique et d'aucune conservation;

2° A pulpe moins molle, mielleuse, formant pâte pour la conservation, ne fermentant pas avec le temps; on les nomme dattes en pâte ;

3° A pulpe sèche saccharine, ne fermentant pas, se desséchant parfaitement au soleil et de longue conservation. Par la fermentation dans l'eau, elles donnent une liqueur vineuse, assez alcoolique et d'un assez bon goût.

Les dattes de la première catégorie proviennent des palmiers-dattiers introduits et cultivés dans la vallée nilotique, sur des terrains bas et humides.

Celles de la seconde catégorie sont originaires des palmiers-dattiers des oasis du désert lybique de l'Égypte et des régions du Sinaï (Arabie Pétrée), de l'Hedjaz (Arabie Déserte), de l'Yemen (Arabie Heureuse), et enfin celles de la troisième catégorie proviennent des dattiers qui croissent sur les bords du Nil, de la basse Nubie, Dongala, Ibvim, Jonkut, Korosko et Assouan. Ces dernières dattes, chargées en grande quantité sur des barques d'Assouan sont expédiées pour le commerce du Caire.

Les dattes de la grande province de Zagazig proviennent des palmiers qui existent sur la lisière du désert, de Belbeyr, Salakirch, etc. Ces dattes, pâteuses, mielleuses, d'un bon goût, de longue conservation et légèrement aromatisées de vanille, sont très-recherchées par le commerce européen. Elles sont mises en vases, boîtes ou barriques.

Les dattiers sont pour les populations qui les possèdent un grand bienfait de la Providence. Les fruits, les tiges, les feuilles et les fibres qui enveloppent le bourgeon terminal, les noyaux, enfin tout ce qui compose le dattier se trouve utilisé par l'homme dans l'alimentation et dans l'industrie.

Le dattier serait, d'après le dire des auteurs, originaire des grandes vallées du pays lybique et des oasis de l'Arabie; il a été introduit plus tard par la voie des oasis de la Lybie dans la vallée qui part des cataractes de Syene, se continuant au nord jusque sous la ville d'Alexandre le Macédonien.

On trouve à l'état spontané et l'on cultive en Égypte un autre palmier, qui a bien aussi son mérite par la quantité et la grosseur des fruits qu'il produit : nous voulons parler du doum (*Crucifera thœbaica*, Delile; *Hyphœne crinita*, Persoon).

Ce palmier a un développement tout particulier : il produit d'abord une tige simple, puis elle se bifurque en une sorte de dicotomie. C'est un caractère qui est très-rare parmi les arbres de cette grande famille.

Le fruit de ce palmier a la forme d'un gros œuf; son enveloppe est subéreuse, sucrée; la saveur est à peu près celle de la caroube que l'on trouve en Espagne, en Algérie et en Sicile. Son noyau, qui est un périsperme corné, est travaillé au tour pour en faire des perles pour chapelets. On tire aussi un très-grand parti de son bois, qui est fibreux et compacte. On le scie en planches très-minces; il se lisse parfaitement et prend un très-beau poli. Sa couleur est celle du noyer avec des taches très-bizarres. Il est employé dans la marqueterie et pourrait être utilisé dans l'ébénisterie, qui en ferait de très-beaux meubles.

Le *Borassus flabellatus*, que l'on trouve dans le Sennaar, est un des plus beaux palmiers connus. Il serait à désirer de le voir plus répandu en Égypte.

Le *Sebesten* (*Cordia mixa*) est un arbre de la famille des borraginées. Ces fruits drupacés, visqueux, servent dans le pays pour préparer la glu pour la chasse aux petits oiseaux. Le bois de ses grosses tiges est très-propre à la construction des bâts et généralement à la sellerie.

Le fruit de l'*Egligh* (*Balanites œgyptiaca*, Delile) a la forme de la datte; il est légèrement douçeâtre; les Arabes du désert le mangent. Les noyaux renferment une amande oléifère donnant, par l'expression, une huile douce que les nomades emploient comme cosmétique pour oindre leur chevelure et leur corps. Le bois est dur, très-compacte, les grosses tiges se coupent en planches et servent à faire divers objets; la couleur ressemble à celle du bois de citronnier.

Les fruits des diverses variétés de *bananes* (*Musa paradisiaca*) sont très-abondants dans la basse Égypte; ils sont consommés dans le pays.

Fruit *crème* ou *anone* (*Anona squamosa*), assez commun aux environs du Caire. Ce fruit est bon, mangé frais ou en conserve.

Grenades (*Punica granatum*). Le grenadier est indigène; on le trouve en très-grande quantité dans la basse Égypte, où il croît à l'état sauvage. Ses fruits sont très-recherchés pour boisson. On en fait des conserves et des gelées très-rafraîchissantes.

Les *Orangers* et les *Citronniers* produisent de très-heureux effets dans les localités où ils sont cultivés. La basse Égypte est le pays par excellence pour la prospérité des orangers. Ce sont les variétés mandarines et à fruits rouges qui dominent. Ces arbres doivent être répandus et multipliés près des habitations.

Le melon d'eau ou pastèque (*Citrullus vulgaris*) est très-commun et très-varié en Égypte. De même la pastèque à chair rouge, jaune, citron et blanche glacée. On en fait une très-grande consommation comme dans tous les pays chauds. Sa chair, qui est très-dense, contient une assez grande quantité d'eau légèrement sucrée et toujours fraîche.

On cultive aussi les melons cantalous à chair jaune et blanche, ainsi que plusieurs autres variétés, puis les concombres (citrouilles) qui se développent en plein champ, comme à l'état spontané.

Il est un grand nombre de légumes que l'on conserve par le sel et par le vinaigre, tels que choux ou choucroute, cornichons, pastèques, poivre-long, tomates, carottes, navets, raves, oignons, aubergines, etc.

On fait une grande consommation de ces produits dans les villes et notamment dans celles de la basse Égypte.

Tunis. — Parmi les fruits qui se cultivent dans le royaume de Tunis et qui sont d'une grande importance pour le commerce, nous citerons les dattes et les olives.

Les dattiers se cultivent dans toutes les oasis et sur toute la frontière du sud de la Régence. Les principales plantations se trouvent dans les environs des villes de Nafta, Gafza et Gabez. Les dattes de ces contrées sont plus délicates et plus recherchées que celles du nord de l'Afrique, depuis Tripoli jusqu'au Maroc. Elles sont de grosseur et de qualité supérieures, parfaitement conservées.

La culture de l'olivier, dont la plantation, dit-on, remonte au temps des Romains, s'est accrue depuis l'occupation des Espagnols, sous Charles-Quint. Ils couvrent encore de leurs rameaux diverses provinces et forment en grande partie la richesse du pays. Ce sont les villes de Monastier, Médir (ancienne Afrique des Romains), Sousso, Soliman, Bizerte et Thourba, qui en cultivent le plus grand nombre.

Les *Nopals* ou figues de Barbarie, le *Caroubier* et quelques fruits y sont aussi recherchés, mais par les habitants seulement.

Etats-Unis. — Outre les arbres fruitiers indigènes, l'Amérique du Nord cultive un très-grand nombre d'arbres fruitiers qu'elle fait venir des divers établissements d'arboriculture de l'Europe, et surtout des pépinières de France, qui en envoient chaque année plusieurs centaines de milliers.

Les poiriers, pommiers, pruniers, pêchers, coignassiers, sont des espèces qui se demandent par mille. On fait venir aussi de la France un grand nombre de sujets pour servir à greffer et à propager les espèces les plus méritantes. Les groseilliers et les berberis (épine-vinette) sont cultivés pour l'acidité de leurs fruits.

On possède aux États-Unis plusieurs espèces de vignes qui diffèrent de celles que nous possédons; les fruits même n'ont pas le goût ni la qualité des nôtres. On cultive cependant en France, dans quelques jardins, une variété américaine sous le nom de vigne Isabelle, à large et épais feuillage, dont la face inférieure de la feuille est duveteuse et blanchâtre. Ses fruits sont ronds, de grosseur moyenne, à peau noire, dure et légèrement saupoudrée de blanc. Le goût de ce raisin tient un peu de celui de la framboise et de l'ananas, mais ne plaît pas généralement.

On a obtenu par la voie des semis un assez grand nombre de variétés de fruits; mais il en est peu qui soient supérieures aux fruits de l'Europe. Les pommes, par exemple, sont souvent d'un très-fort volume, mais elles manquent de sucre et d'acidité. Les plantes légumineuses de toute sorte y sont généralement cultivées, les asperges, les pois, fèves, haricots, piments, choux, etc., sans compter beaucoup de plantes de la famille des cucurbitacées, les courges, les concombres et surtout les melons de la Caroline, à chair verte, ainsi que d'autres variétés, puis la chayotte et les melons d'eau.

Canada et Nouvelle-Écosse. — Les arbres fruitiers de diverses espèces sont cultivés en très-grand nombre dans ces provinces. Outre les fruits exotiques qui y ont été importés ou qui y croissent spontanément, les pommiers, les poiriers, les pêchers, la vigne, y sont très-multipliés, et, par le moyen des semis, on a obtenu beaucoup de variétés, dont quelques-unes assez méritantes sont introduites chaque année dans les vergers de l'Europe.

Les pruniers, par exemple, ont produit d'excellents fruits qui ont enrichi la pomologie et dont on fait de très-bons pruneaux.

Les grands établissements de pépiniéristes de France, tels que ceux de Vitry, Angers, Nantes, Tours, Tarascon, Metz, Nancy, etc., envoient chaque année plusieurs milliers de jeunes arbres fruitiers âgés de un, deux et trois ans. C'est un très-grand commerce pour la France, qui a commencé vers 1826, mais qui s'est surtout développé d'une manière très-remarquable après 1830.

Les arbres dont on a obtenu le plus de variétés sont les pommiers. Les fruits de la plupart d'entre eux sont généralement de bonne qualité; mais il en est de très-gros qui ont de l'apparence et qui sont de qualité très-inférieure.

Il en est de même des variétés de vignes; elles ne ressemblent, pour le plus grand nombre, à aucune de celles de nos vignobles et de nos jardins; ce sont des types tout spéciaux à ces localités.

Les pêchers y sont cultivés avec succès, et le nombre des variétés qui y ont été obtenues a beaucoup enrichi les jardins de l'Europe.

Les légumes sont les mêmes que ceux cultivés en Europe. Les pommes de terre y sont très-bonnes et nombreuses en variétés; le melon à chair verte, les concombres, la chayotte et plusieurs autres cucurbitacées y sont très-recherchés.

Chine. — En Chine on cultive comme arbre fruitier le *kaki*, espèce d'arbre du genre plaqueminier (*Diospyros kaki*), l'ériobotrya japonica, nommé vulgairement bibacier ou néflier du Japon; plusieurs espèces d'orangers, toutes spéciales à la localité, dont quelques-unes, sous le nom de mandarines, sont très-recherchées pour leur bon goût et la finesse de leur chair. Puis un grand nombre de tubercules, dont un, sous le nom d'igname de Chine, est déjà très-répandu dans nos jardins potagers comme plante alimentaire, pour la qualité de sa fécule.

Ces mêmes plantes économiques se trouvent également dans les jardins du Japon.

Comme légumes particuliers au pays, on cultive le *cytissus cajan*, le *pois merveille* (*Cadiospermum halicacabum*), le chou pet-saie, etc. Les autres plantes potagères sont pour la plupart celles que l'on cultive en Europe.

SECTION II

CONSERVES DE LÉGUMES

PAR M. L. BIGNON.

La production des légumes a pris en France une importance considérable depuis l'établissement des chemins de fer et des voies fluviales.

§ 1. — Commerce d'exportation de légumes en France.

C'est en effet la facilité des communications qui a permis à l'Algérie d'expédier vers Paris de nombreuses primeurs, aux époques où les plantes qui les fournissent dans la région du Nord commencent seulement à végéter; c'est elle aussi qui permet à la Provence d'envoyer à Paris, en Belgique, en Angleterre, une partie considérable des pommes de terre, des fèves, des pois et des artichauts qu'elle récolte à la fin de l'hiver et au commencement du printemps. Enfin, grâce à la grande économie et à la célérité des transports faits par les chemins de fer, le comtat d'Avignon, le Bordelais et les environs de Paris expédient journellement en Angleterre d'importantes quantités de melons, de tomates et de fruits de toutes espèces.

Mais les importations d'Algérie et les expéditions faites par la France à l'étranger ne sont pas les seules causes qui ont permis à la culture maraîchère et à la culture arbustive de centupler ses produits. L'accroissement de bien-être qu'on est heureux de constater partout dans notre pays et l'important développement qu'a pris la conservation des légumes et des fruits expliquent aussi pourquoi nos marchés sont maintenant alimentés abondamment et d'une manière très-variée, à toutes les époques de l'année.

En 1865, la France a expédié à l'étranger :

	QUANTITÉS.	VALEUR.
Pommes de terre	75,562,277 kilog.	3,022,091 fr.
Légumes secs et leurs farineux	20,470,047	8,188,019
Légumes verts	10,005,715	1,000,571
Légumes salés ou confits	1,417,900	638,054
Fruits à l'état frais	18,383,274	7,944,842
Fruits secs ou préparés	8,596,077	10,315,292
Raisins	496,131	545,744
Fruits conservés par la méthode Appert	389,447	545,226
Amandes, Noix, Noisettes	10,174,180	13,226,434
Truffes fraîches ou marinées	57,334	1,433,350
Champignons	86,356	172,712
Moutarde	422,474	308,601
TOTAUX	146,051,212 kilog.	47,340,936 fr.

C'est surtout en Angleterre que la France exporte des légumes verts et des fruits frais ; mais c'est dans les possessions espagnoles d'Amérique qu'elle expédie les fruits qu'elle conserve suivant le procédé Appert. Quant au jus de fruits, elle les prépare principalement pour l'Algérie.

Les légumes verts importés en France, en 1866, ont atteint 5,299,868 kilogrammes. La Belgique en a expédié 3,029,192, l'Algérie 743,386, l'Italie 684,409 et l'Allemagne 689,900. Les fruits frais ou conservés, sans sucre ni miel, que la France a importés la même année de la Martinique et de la Guadeloupe, ont dépassé 62,000 kilogrammes.

L'augmentation dans la production des conserves de légumes n'a pas suivi une progression constante. Cette production a éprouvé un temps d'arrêt au moment de la grande vogue des légumes desséchés et soumis ensuite à l'action de la presse. La nouveauté du procédé, l'avantage de pouvoir expédier en Asie, dans l'Inde et en Amérique des substances alimentaires réduites à un très-petit volume, eurent un attrait qui porta un grave préjudice aux légumes conservés par la méthode Appert; mais on reconnut bientôt l'impossibilité de généraliser utilement le procédé et on constata ensuite que la plupart des légumes et précisément ceux dont la consommation est la plus considérable, perdaient la plus grande partie de leurs principes alimentaires, éléments nutritifs qu'on ne pouvait plus tard leur restituer. Alors un retour se fit vers les légumes conservés, et ce revirement engagea la plupart des industriels à perfectionner leurs procédés de fabrication.

§ 2. — Mode de conservation des légumes verts.

En 1850, on blanchissait en général les légumes à l'eau bouillante, puis on les mettait dans des vases soudés hermétiquement; alors on terminait l'opération en soumettant les boîtes pendant deux ou trois heures dans un bain-marie à l'action de l'eau bouillante. A cette époque, et dans le but de séduire les consommateurs, on donnait aux légumes une couleur verte plus ou moins intense à l'aide du sulfate de cuivre. Ce procédé ne donnant pas toujours de bons résultats, on imagina, en 1852, d'élever la température du bain-marie à 108° au moyen du sel marin, puis du chlorure de calcium. Ce nouveau procédé donnait de très-bons résultats, mais on fut forcé d'y renoncer, parce qu'il élevait sensiblement le prix de revient des conserves, qu'il oxydait les boîtes, ce qui nécessitait un nettoyage très-dispendieux, et que les produits contractaient souvent un mauvais goût.

C'est en 1854 seulement qu'on songea, dans cette préparation, à utiliser pour la première fois la vapeur; alors on fit construire des chaudières autoclaves munies d'une soupape et d'un manomètre. Les boîtes de conserves, après avoir été recouvertes d'eau, y restaient deux heures. Ce nouveau moyen permit de préparer de très-bonnes conserves, mais il n'était pas entièrement satisfaisant; aussi subit-il d'importants perfectionnements. En 1855, M. Salles modifia ses chaudières de telle sorte qu'il arriva à chauffer l'eau du bain-marie à l'aide d'un courant de vapeur fourni par un générateur. Cette heureuse modification lui permit d'obtenir une prompte ébullition et de livrer à la consommation des légumes d'un goût et d'une saveur plus agréables.

En résumé, on a réussi, depuis dix années, dans cette industrie, parce que : 1° on fait blanchir et refroidir très-rapidement les légumes ; 2° on a rejeté les principes vénéneux qu'on employait autrefois pour colorer artificiellement les légumes verts ; 3° on est arrivé à bien connaître l'époque où l'on doit opérer, et on a constaté que tous les légumes ne doivent pas être traités en tout temps de la même manière ; 4° on est parvenu à connaître le *point de cuisson* et le *temps d'ébullition* pour tel ou tel légume. Sans aucun doute il y a encore des progrès à réaliser dans ce genre d'industrie. Toutefois, en diminuant autant que possible la cuisson, afin de conserver le goût du produit, et en laissant au légume sa couleur et aux légumes verts en particulier, on a pu livrer à la consommation des produits bien conservés et ayant leur goût propre. C'est pourquoi leur usage tend à se vulgariser de jour en jour en France et à l'étranger.

C'est à l'aide de la préparation à la vapeur qu'on est arrivé, dans ces derniers temps, à fabriquer d'excellentes conserves avec les petits pois, les fonds d'artichauts, les carottes, les haricots verts et les haricots écossés. On reconnaît toujours que la conserve a été bien préparée quand le couvercle des boîtes est bombé lorsqu'on retire ces dernières de la marmite autoclave. Ce *bombage* ne persiste pas ; après le refroidissement du légume, du liquide et du vase, il se produit une dépression assez sensible. On fait aussi des conserves d'asperges; mais ces légumes, préparés par la cuisson, fermentaient souvent à l'intérieur des boîtes, ou bien ils manquaient de fermeté. La maison Briant a renoncé avec avantage à la cuisson préalable. Les asperges qu'elle prépare à l'état cru ont la fraîcheur et la qualité des asperges nouvellement récoltées. Aujourd'hui, dans toutes les fabriques françaises, on ne prépare plus de conserves au beurre, parce que ce moyen occasionnait de grandes dépenses, élevait le prix de revient du légume et nuisait, quand le beurre devenait rance, à la qualité du produit; l'eau qui le remplace est légèrement chargée de principes salins.

§ 3. — Champignons.

En France on conserve annuellement des quantités considérables de champignons comestibles. L'oronge est livrée au commerce après avoir été séchée; les ceps qu'on récolte dans le Midi et surtout dans le Sud-Ouest sont conservés dans l'huile d'olive. Quant aux champignons de couche, qu'on fait naître avec abondance dans les anciennes carrières de Pontoise, de Senlis, de Bougival, etc., on les prépare suivant la méthode Appert. Ainsi, après avoir épluché les champignons qu'on a retirés la veille des carrières, on les lave et on les fait cuire à l'aide de la vapeur dans des chaudières à double fond. On y ajoute de l'acide citrique pour les blanchir. Pendant cette opération, ils rendent de 40 à 50 pour 100 d'eau de leur volume. Quand la cuisson est terminée, on les met dans des boîtes en fer-blanc et on y ajoute de l'eau citronnée pour les empêcher de brunir. Aussitôt que les boîtes ont été fermées et soudées, on les soumet pendant quelques instants à une température de 104 à 110°. Les champignons de couche qui ont été ainsi préparés ont une grande fermeté; on en exporte annuellement un grand nombre de boîtes en Angleterre, dans les Indes et en Russie.

La truffe n'appartient au commerce que depuie 1770. On la récolte pendant l'automne et durant l'hiver. Celle du Périgord est renommée dans toutes les parties du monde pour son parfum exquis. A l'état frais, elle donne lieu à un commerce très-important, et les chemins de fer ont permis de la transporter sur les points les plus éloignés de la France. On l'expédie dans des boîtes en Amérique et dans des bouteilles en Europe et en Russie. La maison Perrier la conserve maintenant à froid et sans ébullition. Ce procédé lui a permis de livrer à la vente des truffes ayant la propriété de mieux garder leur parfum. La truffe de la vallée du Rhône est moins recherchée que celle du Périgord; néanmoins, la maison Rousseau, qui n'en vendait, en 1832, que 9,000 kilogrammes, en a expédié en 1866 54,500 kilogrammes.

§ 4. — Conserves au vinaigres.

Les fruits et les légumes conservés dans le vinaigre sont mieux préparés de nos jours qu'il y a vingt ans. En outre, on a beaucoup augmenté la liste des produits composant les conserves. Ainsi, à côté des cornichons, câpres, piments et oignons, se rangent maintenant la carotte, le maïs, les choux-fleurs, les choux rouges, les haricots verts, etc.; puis, des noix, des groseilles à maquereaux et des graines de capucine. Tous ces produits sont conservés dans des flacons à bouchon de liége; on a complétement renoncé aux boîtes en fer-blanc, parce que le vinaigre les altérait. Les vases en verre doivent être fermés avec de très-bons bouchons. Il importe aussi que les fruits baignent entièrement dans le liquide. Le verre n'est pas toujours transparent. Les vases qui renferment les cornichons, les câpres, les haricots verts, etc., c'est-à-dire tous les produits à nuance verte, sont conservés dans des flacons verts. Ces vases ont l'avantage, disent les fabricants, de satisfaire l'œil de l'acheteur, quand les produits ont perdu par le blanchiment leur nuance native. Tous les produits sont fermes et d'excellente qualité, quand ils ont été blanchis, refroidis très-promptement et lorsqu'ils baignent dans de bon vinaigre. Le plus ordinairement, on fabrique ce dernier produit avec des flegmes de melasse et de bière ayant 25°, que l'on filtre pendant plusieurs mois sur des copeaux de hêtre.

§ 5. — Moutarde.

Si l'Angleterre conserve, pour ainsi dire, le monopole pour les pickles et les sauces, la France fabrique toujours les meilleures moutardes de table. Celle de Dijon n'a pas perdu de son ancienne renommée ; elle se distingue encore par beaucoup de montant et une saveur piquante ; celle de Paris et de Bordeaux est douce et aromatique. L'une et l'autre sont fabriquées avec deux tiers de graines noires et un tiers de graines blanches. Avant de les soumettre successivement trois fois à l'action des meules, on les fait macérer pendant quarante-huit heures dans le vinaigre, et on les écrase entre deux cylindres; quand la moutarde est préparée, on la conserve pendant six mois dans des barils n'ayant pas de couvercle, afin qu'elle fermente. La moutarde de Paris et de Bordeaux est colorée avec du curcuma et aromatisée avec des essences de citron et de thym. Celle qu'on fabrique dans le midi de l'Europe est faite avec de la farine de moutarde délayée avec du moût de raisin concentré. Ce produit spécial a une saveur agréable. La moutarde qu'on expédie à l'étranger est plus forte que celle que l'on consomme en France.

§ 6. — Tomates.

La préparation des tomates a pris une grande extension, par suite des perfectionnnements qu'on lui a fait subir. Ainsi, non-seulement on emploie aujourd'hui des fruits plus mûrs, plus colorés, mais quelques fabricants font cuire la tomate dans des bassines en cuivre argentées. Ces vases ont l'avantage de ne pas altérer la belle couleur de la tomate. Ces faits expliquent pourquoi, depuis 1862, les conserves de tomates préparées en France sont très-recherchées à Londres. En Italie, on ne fait pas cuire la tomate; on la conserve après l'avoir fait sécher au soleil. Les fruits ainsi préparés sont consommés dans les localités où ils ont été obtenus.

§ 7. — Olives.

Les olives sont conservées suivant les procédés connus depuis un demi-siècle. Celles que l'on récolte et conserve à Séville sont remarquables sous tous les rapports. La France ne prépare pas toutes les olives qu'elle consomme annuellement. En 1866, elle en a importé 4,530 kilogrammes. Sur cette quantité 3,102 kilogrammes venaient d'Espagne.

§ 8. — Jus de fruits.

Maintenant on fabrique en France des jus de fruits pour les limonadiers, pâtissiers et glaciers. Ces jus sont fournis par la groseille, la cerise, la mirabelle, l'abricot, la framboise, la pêche, etc. On les conserve par l'ébullition au bain-marie dans des flacons bien bouchés. Ils doivent être utilisés dans l'année qui suit leur fabrication. Une des principales maisons de Paris qui, en 1860, fabriquait 7,223 litres, en a vendu en 1866, 71,724. La préparation de ce nouveau produit est appelée à prendre une grande extension.

§ 9. — Conserves de fruits.

La France et ses colonies livrent à la consommation chaque année un grand nombre de conserves de fruits. Ces produits sont d'une préparation moins facile et d'une conservation plus difficile que les fruits préparés au vinaigre. Si l'on veut réussir dans cette fabrication, il faut choisir des fruits ayant déjà une certaine saveur, mais que la maturité n'a point encore ramollis. En outre, il faut bien connaître le point d'ébullition en deçà duquel la conservation est douteuse et la bonne tenue du fruit compromise. Les étuves à jets de vapeur imaginées par le chef de l'une de nos bonnes fabriques parisiennes lui permettent de prévenir toute fermentation et de conserver aux fruits leur couleur, leur saveur et leur parfum. Les conserves d'ananas et de bananes que nous recevons annuellement de la Guadeloupe et de la Martinique sont bien préparées. Il en est de même des fruits conservés au jus que l'on prépare en Espagne. Si l'Angleterre n'occupe que le quatrième rang pour toutes les conserves de fruits, elle a le mérite d'importer chaque année de ses colonies des quantités considérables d'ananas. Une partie de ces fruits sont vendus à l'état frais. Les conserves au jus ou sucrées sont renfermées dans des vases en verre bien bouchés, afin que l'air n'y ait pas accès. Le verre mérite la préférence à cause de sa transparence, qui permet de mieux juger des produits et de leur état de conservation.

§ 10. — Importations et exportations de fruits et de légumes.

Si la France reçoit des pays étrangers des oranges, des ananas, etc., elle exporte en Angleterre des cerises, des raisins et des pommes, en Russie des poires et du raisin, en Autriche des fraises forcées. La Belgique, qui expédie le plus de poires à Londres, n'a eu qu'un seul exposant.

L'Amérique, si féconde, si riche en produits naturels, en fruits exquis, et particulièrement en pêches, n'a pas encore su tirer de ces richesses tout le parti qu'il convient d'en attendre. Les préparations ne sont pas à beaucoup près au niveau de celles des Bordelais et des Espagnols, pour ce qui regarde la conservation des pêches qui est leur principal produit. La Grèce nous présente une collection remarquable d'oranges, citrons et cédrats, dont le mérite et la valeur seront appréciés par M. le marquis d'Arcicolar. L'Italie se recommande par ses collections de légumes variés, haricots, pois chiches, lentilles. Tous ces produits sont présentés avec soin et intelligence. Ces productions importantes servent surtout à la consommation du pays. La Prusse expose des pommes de terre conservées au moyen de la saumure. C'est là une innovation sans doute, mais elle nous inspire une médiocre confiance, et nous doutons fort qu'elle soit appelée à un succès de bon aloi en économie domestique. Les Pays-Bas nous offrent quelques objets conservés pour la marine, dans des conditions de soin et d'économie qui en rehaussent le mérite. L'Espagne, en retour, nous a satisfait largement ; la collection de ses produits en fruits est de toute beauté ; son exposition est variée et de premier ordre, et son début dans la fabrication des conserves a parfaitement réussi.

En résumé, les produits végétaux conservés en France et mentionnés dans les lignes qui précèdent, surpassent en qualité les mêmes produits préparés en Angleterre, en Allemagne, en Belgique, etc.; cette supériorité incontestée est due au climat de la France, aux excellents légumes et aux bons fruits si variés qu'elle produit et qui ont plus de saveur et moins de dureté que les mêmes produits d'Angleterre ou des parties méridionales de l'Italie et de l'Espagne ; enfin, elle doit également être attribuée aux importants perfectionnements apportés aux cultures horticoles et à la préparation des légumes, au mode de fermeture des boîtes et à la confection des conserves de fruits.

Les progrès accomplis sont tels qu'ils donnent lieu chaque année à des affaires commerciales d'une grande importance et qu'ils autorisent à dire que, de nos jours, aucune nation ne possède des ateliers aussi bien organisés que les usines établies sur divers points de la France depuis 1855. Tel industriel qui fabriquait annuellement, il y a douze ans, de 40,000 à 50,000 boîtes de conserves, en livre maintenant au commerce chaque année de 400 à 500,000 boîtes. La valeur commerciale de ces produits alimentaires est encore trop élevée pour qu'ils puissent être consommés dans toutes les familles; mais tout porte à croire que le prix de vente s'abaissera par suite de la grande extension que cette industrie spéciale est appelée à prendre en France (1). Alors les fortunes modestes pourront utiliser ces nouveaux produits avec avantage aux époques où les cultures maraîchères et les jardins n'offrent plus que des ressources insuffisantes ou des légumes ayant un prix très-élevé.

(1) Prix moyen de vente des principales maisons en :

		1850.		1867.	
Champignons.........	par boîte.	2 fr.	15 c.	1 fr.	55 c.
Pois fins.............	—	2	25	1	85
Haricots verts........	—	1	85	1	27 ½
— flageolets....	—	2	05	1	40

SECTION III

LÉGUMES ET FRUITS SECS

PAR M. LE DOCTEUR L. WITTMACK.

CHAPITRE I.

LÉGUMES FARINEUX SECS : HARICOTS, POIS, LENTILLES, FÈVES, ETC.

La culture des légumes farineux nous offre une transition naturelle de l'agriculture à l'horticulture, parce que quelques-uns d'eux sont cultivés en plein champ, tandis que d'autres font partie de la culture potagère. Quant à leur valeur alimentaire, ils nous fournissent des comestibles très-importants, à cause de la grande quantité d'azote qu'ils contiennent, et, pour cette raison, nous en trouvons des cultures à peu près dans toutes les zones.

§ 1. — France.

La France, où l'agriculture et l'horticulture sont si florissantes, est justement renommée pour ses légumes secs, et nous en trouvons de très-beaux échantillons surtout dans l'annexe des départements du nord et dans les collections des marchands de graines.

Les *haricots*, qui sont principalement cultivés à Orléans,

Soissons, Vitry et dans le sud-ouest de la France, se divisent en un si grand nombre de variété; qu'il ne sera possible d'en nommer que les plus connues : haricot sabre, haricot beurre, haricot d'Espagne, haricot de Soissons, haricot flageolet, etc. Il a à l'Exposition des collections comprenant cinquante-trois et même soixante-douze espèces ou variétés.

Les *pois* ont leurs centres de production à Clamart, Courbevoie, Nanterre, Vitry, Orléans, etc. Le département du Nord en a exposé trente variétés ; les marchands de graines en ont présenté encore davantage. Citons seulement les variétés les plus recherchées : pois Michaux, pois Clamart, pois Pontoise, pois d'Auvergne, etc. On sait que l'industrie emploie une quantité immense et toujours croissante de haricots et de pois pour conserves.

Les *lentilles*, dont on consomme de grandes quantités en hiver, se trouvent notamment dans le Midi et surtout dans les environs d'Avignon.

Les *fèves* au contraire sont, comme les féveroles, l'objet d'un grand commerce dans les départements du nord, où elles sont généralement cultivées sur une sole de blé. Leur rendement moyen est de 30 à 33 hectolitres par hectare.

Un grand progrès a été réalisé reletivement à la décortication des légumes secs. La manière de décortiquer les pois et les lentilles est déjà connue depuis longtemps. Mais maintenant plusieurs fabricants ont réussi à décortiquer toutes les variétés de haricots et de fèves avec une perte très-insignifiante en poids. Il est évident que, de cette manière, la cuisson et la digestion de ces légumes sont grandement facilitées.

La superficie cultivée en légumes secs était, en 1852, de 456,612 hectare; la production de la même année de 6,200,725 hectolitres; le rendement moyen 13,85 hectolitres par hectare. Pour les dernières années, de 1859 à 1865, les chiffres suivants donneront un aperçu des récoltes de ces articles :

1859	3,696,297	hectolitres.
1860	4,000,164	—
1861	3,801,621	—
1862	4,437,781	—
1863	4,183,774	—
1864	4,081,342	—
1865	4,293,082	—

Pour comparer, nous ajouterons quelques récoltes de froment qui montaient en 1859 à 87 millions d'hectolitres ; en 1860 à 110 millions, et en 1865 à 95 millions. L'importation des légumes secs et de leurs farines, pour le commerce spécial, était en 1865 de 17,689,709 kilogrammes, d'une valeur de 6,545,192 francs dont 4,743,149 kilogrammes provenaient de l'Italie, et 1,866,958 de l'Algérie. — L'*exportation* de la même année se montait à 20,129,451 kilogrammes, d'une valeur de 8,051,780 francs, dont 11,134,232 kilogrammes étaient destinés à l'Angleterre, et 1,387,521 à l'Algérie.

Algérie et colonies françaises. — L'Algérie, qui offre de si excellentes conditions climatériques pour la culture des légumes, alimente pendant trois mois et, dès le mois de décembre, les marchés de Paris, des autres villes principales de la France et même de l'Angleterre, de ses légumes verts, semés après les premières pluies d'octobre. Mais on vend en outre beaucoup de légumes secs dont l'Exposition présente un grand nombre de spécimens, parmi lesquels on trouve, non-seulement tous les légumes cultivés en France, mais aussi quelques variétés indigènes, comme par exemple le haricot d'Alger, le pois gris d'Alger, les lentilles vertes, etc. ; ajoutons-y les légumes exigeant un climat chaud, comme celui des côtes de la Méditerranée, tels que les pois chiches, les gesses, les doliques, etc. Les pois chiches (*cicer arietinum*), à gousses très-gonflées, à graines grosses, anguleuses et rostrées, sont un grand bienfait pour les terrains arides; ils ont aussi un intérêt scientifique par la sécrétion d'acide oxalique de leurs feuilles. Les *gesses* (*lathyrus sativus*) à graines aplaties et lisses, d'une couleur ordinairement blanche, ressemblent à peu près à de grosses graines de maïs. Les doliques (*dolichos*), qui se rapprochent des haricots, les remplacent dans beaucoup de contrées chaudes.

Colonies françaises. — Dans la section des colonies françaises sont exposés presque tous les légumes secs des tropiques qui, du reste, sont en général des mêmes genres que les nôtres et n'en diffèrent que par les espèces. — La Martinique et la Guadeloupe ont envoyé différentes espèces de *doliques*, surtout l'espèce la mieux connue de toutes, dite *lablab*, des *pois mascate* (*canavalia*), des *embrevades* (*cajanus indicus*) ou pois d'Angole, etc.; en outre beaucoup d'espèces de pois et de haricots; le Sénégal envoie des pois d'Angole, dits des Indes ou haricots bambaras (*voandzeia subterranea*) dont les jeunes gousses et les graines sont consommées principalement dans l'Afrique méridionale et dans l'île de Madagascar. La Réunion envoie un grand nombre de pois, de haricots et d'embrevades, des pois chiches etc.; les Indes exportent beaucoup de doliques, de haricots, de pois et, en outre, les graines du *nelumbium speciosum*, cette belle plante aquatique à fleurs roses, dont les fruits sont souvent confondus avec le véritable lotos des anciens (*nymphœa lotus*). Ces graines comestibles de nelumbium ont été exposées par la Cochinchine, pays qui cultive, dans les terres élevées, beaucoup de fèves, de haricots etc., qui occupent actuellement (1867) un terrain de 1,200 hectares, à peu près la 120me partie du total des cultures de la Cochinchine. A la Réunion, des 78,957 hectares cultivés, 2,016 étaient plantés avec des légumes secs. Dans la Nouvelle-Calédonie, de même, la plupart de nos légumes semblent pouvoir être cultivés avec avantage.

La valeur des légumes secs exportés de toutes les colonies se montait, en 1865, à 352,978 francs, dont :

Martinique	129	francs.
Guadeloupe et dépendances	240	—
Réunion	24,667	—
Cochinchine	327,942	—

§ 2. — Pays étrangers.

Pays-Bas. — Il suffira de nommer le haricot nain hâtif de Hollande, les asperges, les choux, les navets, les pommes de terre et les pois Michaux de Hollande, pour rappeler la grande renommée des cultures de ce pays, qui occupent de vastes étendues dans la région qui s'étend de Haarlem jusqu'à La Haye, et dans la Zélande, surtout près du village de Noordwyk.

Belgique. — Dans ce royaume, la culture maraîchère est établie sur une très-large échelle, surtout dans les environs de Bruxelles et de Gand. Quelques-uns de ses produits sont si recherchés que l'on retrouve, par exemple, le haricot noir de Belgique presque dans toutes les collections de l'Exposition. L'exportation consiste principalement en légumes frais, surtout pour l'Angleterre; elle s'élevait en 1865 à 2 millions de francs. Dans la section belge on remarquait, outre des pois, des haricots, des fèves et des féveroles, des lupins qui ont été torréfiés et préparés en poudre, pour servir comme café.

Prusse et États de l'Allemagne du Nord. — La Prusse et toute l'Allemagne du Nord produisent, en grande culture, surtout des *pois* et des *fèves*, les premiers en Prusse, notamment dans la province de Prusse (province orientale), et les dernières dans les provinces de Saxe et de Westphalie. Les *pois* sont cultivés en beaucoup de variétés, parce que cette plante est très-dépendante de la localité; ainsi, par exemple, le pois dit «gris prussien», que l'on récolte en si grande quantité dans la Prusse orientale ne vient pas en Silésie. Le sol le plus favorable pour les pois est formé d'une glaise siliceuse avec du carbonate de chaux. Les *fèves*, pour la plus grande partie, sont employées à la nourriture des bestiaux ; les grandes fèves de marais pour la cuisine ne sont consommées que dans quelques endroits, par exemple dans les duchés des bords du Rhin, dans les environs d'Erfurt, etc. Les *haricots* se trouvent partout dans les jardins en un grand nombre d'espèces ou de variétés. Ils ont été étudiés, il y a quelques années, dans le jardin d'essai à Berlin ; on a fait des expériences sur 44 espèces ou variétés. Voici les variétés qui ont été jugées les meilleures parmi les haricots moins connus : *phaseolus tumidus aureus, phaseolus sphæricus miniatus, phaseolus capensis, phaseolus ricciardinianus, phaseolus solitarius*, etc. Parmi les pois : pois d'Auvergne, pois miel, pois ridé de Knight, etc.

En Allemagne, les marchés les plus importants pour les haricots sont Erfurt et Magdebourg. Les *lentilles* ont leur plus grande culture dans le centre de l'Allemagne, surtout dans la Thuringe, la Saxe et dans la province de Franken en Bavière ; elles ne sont cultivées en Prusse que dans les parties méridionales.

Dans la section prussienne du palais de l'Exposition, les collections des Sociétés d'agriculture de la Baltique, de la Silésie, du Mecklembourg etc., méritent une visite attentive pour les beaux spécimens qu'elles contiennent. L'analyse des pois et des autres produits agricoles exposés par l'Académie royale de Pappelsdorf, près Bonn, est d'un grand intérêt.

La production totale des légumes en Prusse n'est pas exactement connue, parce que, dans les chiffres statistiques, le sarrasin se trouve compris. Ces divers articles ensemble donnent une récolte moyenne de 8,650,000 hectolitres, en comparaison avec 72,900,000 hectolitres de seigle, et 19,700,000 hectolitres de froment. L'ensemencement est, suivant les localités, pour les pois: 2-3 hectolitres par hectare ; lentilles 1.32; fèves 3. Le rendement moyen pour les mêmes articles respectivement 13-17 (rarement jusqu'à 30), 6-18, et 14-28.

Dans les autres parties de la Confédération de l'Allemagne du Nord, les conditions locales sont à peu près les mêmes et la culture des légumes secs prospère partout.

États de l'Allemagne du Sud. — Dans presque tous les États de l'Allemagne du Sud, la culture des légumes secs est très-soignée. Dans la Hesse, la production annuelle arrive aux chiffres suivants : pois, 41,334 hectolitres ; lentilles, 6,945 ; fèves 7,474 ; vesces 15,740. Dans le duché de Bade, on récolte à peine assez de pois, de haricots et de lentilles pour la consommation du pays ; les fèves sont presque inconnues. L'école d'horticulture à Carlsruhe montre cependant que tous ces légumes, excepté les lentilles, viennent très-bien, et son catalogue en énumère cent vingt variétés.

Pour le Wurtemberg nous donnons les chiffres suivants comme la moyenne de 1856 à 1862.

	Terrain cultivé.		Production.		Valeur.	
	—		—		—	
Pois...............	3,804,89	hectares.	39,847,5	hectolitres.	770,800	francs.
Lentilles..........	4,988,54	—	56,682,2	—	1,199,360	—
Haricots et fèves...	5,164,37	—	67,803,1	—	1,127,245	—
Vesces.............	11,463,99	—	165,670,9	—	2,704,245	—

La superficie du pays était en 1861 de 1,950,351 hectares, dont 1,274,356 cultivés.

En Bavière, des 4,004,199 hectares de terres labourables, 49,979 sont cultivés en légumes secs.

La production entière monte à 686,084 hectolitres.

Autriche. — La grande culture des pois, haricots et fèves est notamment répandue dans les provinces de Bohême, de Moravie, de Hongrie (département d'Oldenburg), dans la basse Autriche, où l'on trouve les pois renommés de Stockerau, et surtout en Gallicie, pays qui produit 33 pour 100 de la récolte totale de l'Autriche. Les lentilles sont en outre l'objet d'un commerce actif dans le Banat, le département d'Arad en Hongrie et dans la Silésie. A l'Exposition, on remarque surtout les beaux échantillons des légumes de Cracovie et du sol marécageux de Laibach. Aussi la section autrichienne contient-elle la collection la plus riche de haricots, provenant de la Bukovine et se composant de 300 espèces et variétés. Il est seulement regrettable que cette collection ne soit pas exposée dans des verres de plus grande dimension ; elle aurait attiré beaucoup plus l'attention. — Voici la production totale de légumes secs en Autriche : 3,015,960 hectolitres en moyenne. Importation en 1865 : 1,271,700 kilogrammes. Exportation dans la même année 10,752,200.

En *Suisse*, la culture de ces articles est restreinte aux vallées, mais les produits sont excellents.

Espagne. — L'Espagne, comme tous les pays baignés par la Méditerranée, a envoyé à l'Exposition de très-riches collections de légumes secs. C'est surtout l'Institut agricole *catalan de San-Isidoro*, à Barcelone, qui a le mieux organisé la sienne. Parmi les dix variétés de *fèves*, il y en a quelques-unes qui sont décortiquées, prêtes à être réduites en purée. Outre un grand nombre de *haricots* et de *doliques*, nous trouvons aussi beaucoup de *pois chiches* qui sont le légume usuel de l'Espagne et qui servent aussi à l'engraissement des oiseaux de basse-cour.

L'exportation a atteint, en 1864 :

Pois chiches : 202,289 kilogrammes. Valeur : 139,600 francs ; dont 1,361 kilogrammes pour la France ; 12,836 pour l'Algérie ; 92,927 pour Ceuta ; 94,972 pour Gibraltar.

Haricots : 226,310 kilogrammes. Valeur : 113,200 francs ; dont 19,018 kilogrammes pour la France, et 205,174 pour l'Algérie.

Fèves : 19,364 kilogrammes. Valeur : 9,682 francs.

Portugal. — Les conditions locales de ce pays étant à peu

près les mêmes que celles de l'Espagne, ses produits ont aussi la même variété et la même qualité. Citons seulement les gesses ou lentilles d'Espagne (*lathyrus sativus*) et les lupins, qui sont d'une qualité vraiment excellente.

Grèce. — Les légumes cultivés dans ce pays suffisent aux besoins de la population, mais aucune exportation n'a lieu. La collection, au palais de l'Exposition, contient des échantillons qui rivalisent avec les plus beaux des pays méditerranéens.

Danemark. — Les légumes les plus cultivés sont les pois, dont les meilleurs viennent de l'île de Laaland. On plante surtout des pois gris et des pois jaunes. Ces derniers se trouvent presque partout. Les haricots ne sont cultivés que dans les jardins, dans les environs des villes.

Suède et Norwége. — Quoique ces pays soient situés très au nord, ils cultivent les légumes secs en assez grande quantité; le jardin botanique de Christiania nous montre qu'on peut les faire mûrir, sous une latitude de 59° 55′ nord, à côté des pois des contrées boréales: *pisum sativum, navale, sibiricum, maritimum,* etc., à cause de la chaleur de l'été; aussi les variétés exotiques : pois de Ceylan, de Thèbes, etc., et les haricots et les doliques du Midi. La collection des lentilles du même établissement est une des plus complètes de toutes.

Russie. — La Russie est déjà renommée depuis longtemps pour ses légumes secs, qui sont l'objet d'une grande exportation. L'Exposition de 1867 ne peut qu'augmenter cette réputation; car toutes les provinces ont prouvé leur richesse en produits de ce genre. Le gouvernement a voulu surtout faire apprécier les produits des contrées les plus éloignées, et nous ne pouvons que féliciter le Ministre des Domaines des grandes et belles collections du Caucase, de la Bessarabie, etc., qu'il a envoyées.

Italie. — Les légumes secs ne sont cultivés dans plusieurs parties du royaume, notamment dans le nord, qu'au fur et à mesure de leur consommation, tandis que, dans d'autres, ils sont l'objet d'un commerce. Les différentes variétés de *haricots* et de *doliques* sont les plus cultivées. Le premier se joint ordinairement à la culture du maïs, mais le second se sème le plus souvent après le blé. Les *pois* sont récoltés surtout dans les environs des grandes villes, où la majeure partie en est vendue à l'état frais; les meilleurs viennent de Gênes et de Naples. Les *lentilles* ne forment qu'une culture très-restreinte. Les *pois chiches* prospèrent surtout dans le Midi. La production se montait, en 1865, à 3,955,899 hectolitres. A l'Exposition, l'Italie est représentée, du nord jusqu'au sud, par les collections les plus riches faites avec beaucoup de soin. On trouve de même un tableau des propriétés et de la constitution d'un grand nombre de haricots, fèves, pois chiches, etc., qui est joint au catalogue italien; il est peut-être le plus détaillé en ce genre et excite vivement l'intérêt.

Roumanie. — La viande étant d'une grande rareté pour le paysan de la Moldavie et de la Valachie, les légumes secs ou conservés forment, surtout en hiver et pendant les longs et fréquents carêmes, la partie principale de son modeste repas. Aussi toutes les espèces de l'Europe centrale sont-elles cultivées sur une grande échelle, notamment le haricot à fruits hirsutés (*phaseolus Maungo. L.*), et l'on trouve aussi beaucoup de gesses (*lathyrus sativus*), ce produit si répandu sur les côtes de la Méditerranée. La surface des jardins fruitiers et potagers est de près de 150,239 hectares; la production annuelle des légumes secs de 14,517,655 kilogrammes.

Turquie. — Dans la section turque, nous trouvons réunis, comme dans celle de la Russie, les produits des différentes provinces même les plus éloignées, et nous pouvons comparer les pois chiches d'Andrinople avec ceux du Kurdistan, les haricots de Bagdad avec ceux de Constantinople, les lentilles de Trébizonde avec celles de la Syrie, etc. La Syrie est pour Constantinople ce que l'Algérie est pour Paris, le fournisseur des primeurs en fruits et légumes. Mentionnons comme curiosité que, en Syrie, on sert les fèves jeunes avec leur gousses, comme chez nous les haricots verts.

Égypte. — Les légumes secs les plus importants en Égypte sont les *fèves*. On distingue celles de la haute et de la basse Égypte. Les premières sont toujours plus recherchées, parce qu'elles sont mieux nettoyées, surtout celles de la vallée supérieure (Ful-Saïdi). Dans la haute Égypte, les localités les plus connues pour la culture de la fève sont : la grande plaine de Coptas, celle de Couz, les environs de Farschout, de Girge et de Monfalout. Dans la moyenne Égypte on distingue les plaines de Minieh, Feschne, Fayoun et Gizeh. Dans la basse Égypte, les provinces de Galioub, de Tanta et de Samanoud. Ordinairement on les sème avant le blé, aussitôt que les eaux se sont retirées. Après les fèves viennent, selon leur importance, les *lentilles*, *les pois chiches*, les *pois* et les *haricots*, les *doliques*, etc., qui tous prospèrent mieux dans la haute Égypte. Les *pois* sont cultivés dans la vallée de l'Égypte supérieure, où les céréales et le trèfle ne réussissent pas bien. Aussi les prairies s'y composent-elles de pois et de gesses dont les graines servent de fourrage pour les bestiaux.

Perse, Chine, Japon et Siam. — Dans tous ces pays la culture des légumes est assez étendue, surtout dans les terrains les plus élevés, et les collections exposées ont d'autant plus de valeur que c'est de l'Orient que ces légumes nous sont venus. Il est vrai que, dans une grande partie de ces contrées le riz est, comme dans les Indes-Orientales, la base de la nourriture des populations. Il accompagne la viande comme chez nous le pain ou les pommes de terre, mais on le consomme aussi avec des légumes secs.

Tunis et Maroc. — Les principaux légumes sont les pois chiches qui, dans le premier de ces deux pays, se trouvent surtout aux environs de la ville de Tunis et dans les campagnes de Bizerte et de Soliman, et, dans le dernier, dans les contrées du nord, comme par exemple dans celles de Larasch, Tétuan, Rabat, etc. — Les haricots et doliques se trouvent aussi en grand nombre et sont employés par les sobres habitants comme les pois chiches, avec un peu de sel, pour nourriture ordinaire après avoir été bouillis dans de l'eau.

États-Unis d'Amérique. — Les légumes secs, surtout les haricots et flageolets, ne manquent presque jamais sur la table des Américains, et l'armée notamment en consomme beaucoup. On a exposé des légumes de Maine, Vermont, Michigan, Illinois, etc. La production s'est élevée en 1860 à 5,377,828 hectolitres contre 60,984,864 hectolitres de blé et 295,506,682 hectolitres de maïs; elle aura depuis sans doute augmenté de beaucoup. — Il y avait au palais de l'Exposition des pois d'Illinois, de Michigan, de Vermont, des haricots de Maine, etc. — Mais il faut citer ici encore un article très-curieux, quoique ce ne soit pas précisément un légume sec, c'est le *gumbo*, c'est-à-dire les racines de sassafras en poudre qui servent à faire de la soupe.

Brésil. — La constitution du sol au Brésil et les climats si variés de ce pays, parfois jusque dans la même province, font que les légumes et les fruits de l'Europe prospèrent aussi bien que les produits indigènes dans ce vaste empire, qui comprend la quinzième partie de la surface du globe. On plante surtout beaucoup de haricots, et notamment le haricot noir (*phaseolus derasus Schrk.*), qui forme le vrai mets national et dont les provinces de Minas Geraes, de Para et de Bahia ont envoyé à l'Exposition de très-beaux échantillons; cependant, dans la province de Para, on en récolte à peine assez pour la consommation locale. La grande et belle collection brésilienne se compose de beaucoup d'autres beaux spécimens de haricots et de doliques, par exemple, le *dolichos sesquipedalis*, etc. Cette large représentation de la production alimentaire du Brésil montre la grande influence que l'Institut Impérial d'Agriculture de Rio-Janeiro et ceux des provinces ont sur le progrès des cultures.

Républiques de l'Amérique du Sud et Mexique. — Le grand nombre des échantillons (trente-huit, pour les haricots du Chili, par exemple) et leur excellent état sont la meilleure preuve que l'on s'occupe beaucoup dans ces pays de la culture de ces légumes. Les principaux centres de production sont, au Chili, les environs de Santiago ; dans la République de l'Équateur, ceux de Guayaquil ; dans la Confédération Argentine, ceux de Buenos-Ayres, et, au Mexique, ceux de Mexico.

Angleterre. — L'Angleterre, qui a fourni tant de variétés renommées de légumes, comme par exemple les fèves Windsor, les pois ridés de Knight, Prince Albert, etc., présente 348,192 hectares de surface couverts de pois et de fèves, contre 149,642,288 hectares de blé. Le rendement moyen est de 10.9 hectolitres par acre ou de 27 hectolitres par hectare.— On sait que la production est loin d'être suffisante pour la consommation ; mais malheureusement les chiffres de l'importation ne nous sont pas connus. Il est à regretter que la Grande-Bretagne ait exposé si peu de légumes secs ; mais nous avons en compensation les riches et belles collections de ses colonies.

Colonies anglaises. — Celles-ci contiennent les produits de toutes les zones, selon leur position géographique. Le Canada présente beaucoup de spécimens de pois, de haricots et de lentilles ; le Natal, des pois ; la Nouvelle Écosse, des haricots ; Queensland, des fèves mackenzie ; Victoria, d'autres espèces de fèves, etc. Mais au premier rang viennent les Indes-Orientales qui, outre beaucoup d'espèces de haricots, ont envoyé de nombreuses variétés de doliques, etc. Plusieurs de ces espèces servent dans les Indes à une préparation particulière. On les sèche au feu ou au soleil ; on les passe ensuite par un moulin où elles sont décortiquées, et on les vend enfin sous le nom de *dâl*. Ce dâl est bouilli pour faire de la purée et forme de cette manière, pour les indigènes, le mets usuel accompagnant le riz. Les meilleures espèces pour cet emploi sont : *Phaseolus radiatus*, *P. maximus*, *P. Maungo*, *cicer arietinum*, *citysus cajan*, *dolichos sinensis et lathyrus sativus*. — La dolique la plus curieuse est cependant le *dolicus soya L.* (*soya Japonica* Savi) cultivé dans toute l'Asie méridionale. On en mange les graines, ou on les emploie pour faire la véritable soya des Indes, dont on se sert pour améliorer le jus des rôtis.

En résumant cette revue générale nous pourrons dire que la culture des légumes farineux s'étend sur toute la terre. Les espèces et variétés étant presque sans nombre, on s'est appliqué avec suite à en choisir les meilleures ; et c'est surtout dans la qualité que se manifeste le progrès dans presque tous les pays.

CHAPITRE II.

FRUITS SECS : AMANDES, NOIX, CHATAIGNES.

Amandes. — Les amandes occupent ici sans contredit le premier rang parmi les fruits secs ; ce produit est d'une haute importance, surtout pour les pays de la Méditerranée. En France la culture des amandiers se trouve surtout dans le Midi ; mais l'Algérie produit beaucoup de ces fruits et en a exposé les variétés *Princesse*, *Dame* et autres, d'une grosseur remarquable. L'importation des amandes, noix et noisettes, les deux derniers produits y entrant seulement pour une partie insignifiante, était, en France, pour l'année 1865, de 1,654,407 kilogrammes, d'une valeur de 1,985,290 francs, dont 1,303,725 kilogrammes venant de l'Italie.

L'exportation, dans la même année, se montait à 9,604,577 kilogrammes, d'une valeur de 12,485,950 francs, dont 3,337,037 kilogrammes pour l'Angleterre et 1,735,894 kilogrammes pour les États-Unis.

En Espagne, l'amandier est principalement cultivé en Catalogne, à Valence et dans les îles Baléares. A l'Exposition, l'Institut agricole catalan de San Isidoro, à Barcelone, a installé la collection la plus riche, se composant de quarante-quatre espèces ou variétés, tant amères que douces, et ces dernières en coque tendre, mi-tendre, demi-dure et dure. Les prix varient pour les amandes *en coque*, et les cultivateurs les vendent ordinairement de cette manière, de 23 à 37 francs par hectolitre, et pour les amandes *gemelles sans coque*, de 1 fr. 95 à 2 fr. 15 c. par kilogramme. L'exportation de l'Espagne était, en 1864, de 1,973,284 kilogrammes, d'une valeur de 2,100,000 francs. La France en a reçu 596,704 kilogrammes, et l'Angleterre 237,571.

Le Portugal est aussi très-riche en amandiers, et l'Exposition Universelle en fournit des preuves évidentes; mais malheureusement nous manquons des renseignements nécessaires pour donner une idée de la culture et du commerce.

En Italie, les amandiers ornent, avec les orangers, citronniers, cactus, etc., les bords de la Méditerranée et de l'Adriatique, et le commerce des amandes représente un capital qui s'élevait en 1865 à 7 millions de francs. Nous donnons l'exportation des années ci-dessous :

	1863	1864	1865
Amandes en coque	216,269 kilog.	5,562,825 kilog.	3,422,496 kilog.
— cassées	7,979,595 —	12,162,821 —	20,840,361 —
Total	8,195,864 kilog.	17,725,646 kilog.	24,262,857 kilog.

La Grèce, la Turquie et la Perse ont exposé des échantillons d'amandes très-variés, d'une très-bonne culture, mais ce qui est peut-être d'un plus grand intérêt, c'est la collection de petites amandes sauvages présentée par la Perse, la patrie de l'amandier. Elles ne peuvent entrer en comparaison avec nos grandes amandes *Princesse* et *Dame*.

A Tunis et surtout dans le Maroc, la culture des amandes se fait sur une grande échelle : à Tunis, tant sur les côtes que dans les parties centrales ; au Maroc, plus particulièrement dans l'intérieur. La plus grande partie de ces fruits arrive par des caravanes, du côté de Mogador, de la ville de Maroc, et d'un pays indépendant, Ouadenun. Elles sont l'objet d'un grand commerce, surtout avec l'Angleterre, et représentent une valeur de 3 à 4 millions de francs.

Noix. — La culture du noyer forme une partie de la richesse de beaucoup de pays : en France, des départements du Cher, de la Sarthe, des Deux-Sèvres, etc. ; en Allemagne, de la vallée du Rhin, de la Carinthie (Autriche), etc. Citons en outre beaucoup de régions des côtes de la Méditerranée. Les plus belles noix de France se trouvent dans les collections des marchands de graines (Classe 43) et forment une trentaine d'espèces différentes, y compris les genres étrangers se rapprochant beaucoup des noix proprement dites. Bien que la production en France soit déjà considérable, il y aura certainement dans quelques années un grand progrès, au moins en ce qui concerne la qualité des noix. Car, jusqu'à présent, on avait négligé d'introduire les meilleures espèces. Maintenant on commence à appliquer la greffe en fente, la seule qui semble applicable, pour améliorer les noyers, si longtemps abandonnés à eux-mêmes.

Il serait difficile d'assigner le premier rang parmi les collections des autres pays de la Méditerranée, qui, tous, ont apporté des échantillons d'une belle qualité comme grosseur ; celles du Portugal et de la Grèce méritent peut-être la mention la plus honorable. Dans la régence de Tunis, on trouve également beaucoup de noyers, aux environs de Zavan, à

15 lieues de Tunis, près des ruines de Carthage, où ils forment de grands arbres forestiers.

Tandis que tous les noyers de l'Europe proviennent d'une seule espèce (*juglans regia*) indigène dans l'Orient, l'Amérique septentrionale en a plusieurs à part, toutes connues par leur beau bois, comme par exemple le noyer noir (*juglans nigra*), d'écorce très-rugneuse, et le gris à coque visqueuse; puis encore les petites noix, *carya alba*, *carya amara* et *carya olivæformis;* cette dernière est la noix la plus recherchée dans l'Amérique septentrionale.

Pour les *noisettes*, les pays les plus productifs sont l'Autriche et l'Espagne. En Autriche, c'est le royaume de Hongrie, qui contient dans ses deux départements de Trencsin et de Arva, dits la Suisse hongroise, de vraies forêts de noisetiers.

En Espagne, ce sont surtout la Catalogne et les provinces du nord qui en abondent.

Les noisettes d'Espagne sont connues partout, mais c'est l'Angleterre qui, à elle seule, en reçoit la plus grande partie, car des 5,044,005 kilogrammes exportés en 1864, 5,032,705 sont exportés en Angleterre, et 4,814 kilogrammes seulement en France. Les pays de la Méditerranée cultivent encore d'autres fruits bien connus , des pistaches et des glands doux. L'importation des premières se monta, pour la France en 1865, à 39,635 kilogrammes d'une valeur de 396,350 francs. Les glands doux se trouvent aussi dans le royaume de Tunis et au Maroc, comme dans le Japon et le Mexique.

Il serait trop long de parler ici en détail de tous les arbres des tropiques dont les fruits nous arrivent à l'état sec. Nous citerons seulement le *pandanus odoratissimus*, dont les fruits sont appréciés dans les îles du Pacifique, la *mauritia vinifera et flexuosa*, dont les fruits servent de nourriture à des tribus entières d'Indiens sur l'Orinoco, dans l'Amérique méridionale; les noix du Brésil (*bertholletia excelsa*), qui se vendent maintenant dans toutes les grandes villes de l'Europe ; enfin, le cocotier, dont on importait, en 1865, en France seulement, 346,116 kilogrammes d'une valeur de 103,834 francs.

Châtaignes.— Les châtaignes, qui remplacent les pommes de terre dans quelques pays, comme, par exemple, en France, dans le Limousin, l'Auvergne, le Périgord, la Corse, etc., sont cultivées en plusieurs variétés. Les plus remarquables en France sont : le gros marron du Luc, le célèbre marron de Lyon, le vert du Limousin, l'exalade, etc. La superficie des châtaigneraies, en 1852, était de 578,000 hectares ; mais il faut observer que beaucoup de châtaigniers jeunes servent seulement à faire d'excellents cercles pour les tonneaux, cuves, etc. L'exportation des marrons châtaignes et de leur farine, a été, pour la France, en 1865, de 4,098,314 kilogrammes d'une valeur de 1,229,494 francs, contre 2,018,704 kilogrammes en 1860. En 1865, 3,404,700 kilogrammes étaient exportés en Angleterre. L'importation en France, dans la même année, était de 1,895,593 kilogrammes, d'une valeur de 568,678 francs, dont 1,869,131 kilogrammes venant de l'Italie.

En Espagne, les provinces septentrionales abondent en marrons dont une très-grande quantité est exportée par la voie de Bilbao. En 1864, l'exportation se montait à 114,818 kilogrammes, d'une valeur de 43,057 francs. 9,661 kilogrammes allaient en France, 28,064 en Algérie et 70,593 en Angleterre.

L'Italie en fait aussi un commerce dont on peut apprécier l'importance par les chiffres suivants :

Exportation	1863	1864	1865
	2,777,500 kilog.	1,997,300 kilog.	2,737,600 kilog.

La valeur de la dernière année était de 470,000 francs. La production entière se montait, en 1865, à 5,360,142 hectolitres, c'est-à-dire à plus de la moitié de la production des pommes de terre. La superficie des châtaigneraies couvre 585,132 hectares, ou la quarantième partie des terrains soumis à l'impôt foncier, qui sont, en totalité, de 23,017,096 hectares.

Dans l'Allemagne du Sud, la culture des marronniers n'est pas moins étendue. C'est surtout dans les vallées fertiles du Neckar et du Rhin, duché de Bade, et dans les parties de l'Autriche bordant la mer Adriatique, que l'on en prend le plus grand soin. Il en est de même en Portugal, en Turquie, en Grèce et en Perse.

CHAPITRE III.

FRUITS SÉCHÉS : PRUNEAUX, ETC.

Pruneaux. — Dans beaucoup de pays, de grands vergers de pruniers à pruneaux sont considérés comme l'une des principales richesses, et c'est la France surtout qui, dans ses départements du centre et du midi, en cultive le plus.

La prune d'Agen, ou *robe de sergent*, est peut-être la plus répandue et donne le plus grand rendement, mais la plus recherchée est le *perdrigon violet* de Provence, qui fournit dans le département du Var ces prunes renommées de Brignolles, et notamment les véritables prunes tapées, ainsi que les pistoles, les plus délicates de toutes.

Dans l'est de la France et dans toute l'Allemagne on sèche les prunes connues sous le nom de *quetchen* ou *zwetschen* en quantités énormes, pour en fournir le nord de l'Europe, l'Angleterre, la Suède et la Russie, etc. La Bavière septentrionale, la Thuringe, la Saxe et, en Autriche, la Bohême, la Serbie, la Croatie et la Slavonie, sont les principaux lieux de production, et beaucoup de gros pruneaux, dits turcs, proviennent de ces dernières provinces autrichiennes. Cependant il est incontestable que les produits de la Turquie sont également très-beaux.

Autres fruits séchés ou tapés. — Après les pruneaux, les *cerises* sont les fruits à noyau le plus souvent séchés ; puis, les *pêches* et les *abricots* tapés sont produits dans quelques contrées, comme, par exemple, dans le midi de la France, la province d'Arragon en Espagne, quelques parties du Portugal, de l'Italie, de la Grèce, de la Turquie et de la Perse, enfin dans les États de New-Jersey, Delaware et Maryland, de l'Amérique septentrionale, et au cap de Bonne-Espérance. — Les *pommes* et notamment les *poires* sont très-soigneusement préparées dans le midi de la France et dans le Portugal, qui fournit les poires renommées d'Oporto.— Depuis quelques années, l'Europe reçoit aussi beaucoup de pommes séchées de l'Amérique, surtout de la Nouvelle-Ecosse, un des pays les plus favorables à la culture des pommes, et des contrées du fleuve Genesse (État de New-York). La Belgique a exposé un produit qui n'est pas encore assez répandu : nous voulons parler des *pâtes de pulpe de fruits,* surtout de pommes, qui se conservent très-longtemps et sont d'un goût très-agréable.

L'exportation de tous les fruits séchés ou tapés (non compris les raisins) était pour la France, en 1865, de 8,230,994 kilogrammes, dont 1,903,271 kilogrammes pour l'Angleterre, 1,479,119 pour les Villes Anséatiques, 1,275,304 pour les États-Unis, et 679,692 pour la Russie. Valeur totale : 9,877,193 francs. — L'importation s'élevait au chiffre de 4,673,717 kilogrammes, dont 2,298,505 de l'Italie, 1,241,617 de l'Algérie et 637,604 du Portugal. Valeur appréciée à 4,673,717 francs.

L'exportation de l'Autriche pour ces mêmes articles était en 1865, de 7,375,650 kilogrammes, et l'importation de 1,178,150 kilogrammes. L'exportation du Zollverein (1862) se montait à 3,284,650 kilogrammes, l'importation (1866) à 8,780,700 kilogrammes.

SECTION IV

ORANGES, CITRONS ET RAISINS SECS

PAR M. LE MARQUIS D'ARCICOLAR.

Oranges, citrons, etc. — Malgré nos vives instances et les recherches actives que nous avons faites pour obtenir des renseignements sur la production des fruits dont nous devons nous occuper ici, il nous a été impossible de les avoir complets pour certains pays, et, même pour quelques-uns, ils nous font complétement défaut. Nous nous voyons donc forcés de restreindre la part du Rapport qui nous a été confiée à des limites bien étroites qui la rendront malgré nous très-incomplète.

Peu de pays ont présenté à l'Exposition Universelle des oranges, citrons et autres fruits de la même famille. L'Espagne, par exemple, n'en a pas envoyé, sans doute parce qu'elle les considérait comme trop connus. Le Portugal non plus. Par contre, l'Algérie et l'Italie en ont exposé de grandes quantités, et la Grèce et l'île de Cuba se voyaient représentées par deux collections magnifiques dont il nous faut faire une mention toute particulière. Celle de la Grèce, appartenant à M. Orphanidès, professeur de botanique à Athènes, se composait de cinquante variétés de la famille des Hespéroïdes, toutes cultivées dans le jardin de l'exposant. La collection de l'île de Cuba appartenait à M. Poëy et, quoique moins nombreuse et moins scientifique, elle avait de remarquable, outre la bonne qualité, que, après un voyage d'un mois, elle s'est conservée en parfait état de fraîcheur pendant deux autres mois. Ceci est dû au système employé par M. Poëy pour séparer le fruit de la branche et pour enlever à l'écorce une partie de son humidité.

La culture en France des oranges, citrons et autres fruits similaires est très-peu importante; elle se fait à Nice, Hyères, Antibes et Cannes ainsi qu'en Corse. En Algérie, par contre, cette culture prend un développement considérable depuis quelques années. Ainsi, d'après les notices statistiques qui nous ont été fournies, le nombre des planteurs, celui des orangers en rapport ou en culture, et la quantité de fruits exportés ont suivi la progression suivante pendant les années 1864, 1865 :

	1864	1865
Nombre des planteurs............	2,312	3,095
Nombre des arbres en rapport....	110,711	130,411
Nombre des jeunes arbres........	47,457	72,447
Quantité de fruits exportés.......	13,512,625	14,285,580

C'est principalement à Blidah, dans la province d'Alger, que se trouve la grande production des oranges et que ces fruits sont les meilleurs. Les orangeries occupent autour de cette ville une étendue de plus de 200 hectares. Quoique l'Algérie produise toutes les variétés d'oranges et de citrons, la plus répandue est l'orange ordinaire. La qualité est bonne; cependant elle n'a pas encore atteint la finesse ni l'arome des oranges du Portugal, de la Sicile et de l'Espagne. En Portugal et dans les Açores, la culture des oranges et des citrons est considérable, et la qualité ainsi que la variété des fruits sont très-remarquable. Les mandarines surtout sont excellentes et ne le cèdent pas à celles de Malte. Les meilleures oranges du Portugal sont celles des environs de Setubal. Il nous est impossible de préciser toute l'importance de cette culture, mais on peut s'en faire une idée approximative par l'exportation, bien qu'elle soit loin de représenter toute la production, parce que, dans le pays même, la consommation de ces fruits est générale. L'exportation monte en moyenne à 240 millions d'oranges d'une valeur de 5 millions de francs. La production des citrons est beaucoup moindre : on en exporte 3 millions, d'une valeur de 150,000 francs. Malheureusement, depuis quelques années une maladie qui sévit parmi les orangers en diminue considérablement le rendement.

Les provinces de l'Espagne où est établie la grande culture des orangers et des citronniers sont presque toutes celles que baigne la Méditerranée et aussi celles de Grenade et de Séville. Cependant c'est dans l'ancien royaume de Valence que cette culture se fait sur une plus grande échelle. Ainsi, de 5,800 hectares plantés d'orangers dans toute l'Espagne, 3,500 appartiennent aux trois provinces de Castellon, Valence et Alicante. Les meilleurs fruits sont ceux de Malaga; mais précisément parce qu'ils sont plus fins et qu'ils ont plus de jus ils supportent difficilement l'exportation. On calcule que la production d'oranges et de citrons dans toute l'Espagne, y compris les îles Baléares, dépasse annuellement le nombre de 600 millions; mais comme la consommation intérieure est très-étendue, on n'en exporte ordinairement que 110 millions d'une valeur approximative de 4 millions de francs. Dans ce nombre sont compris 9 millions de citrons qui représentent une valeur de 625,000 francs. Les pays qui reçoivent le plus d'oranges d'Espagne, sont : l'Angleterre, 50 millions, la France, 35 et l'Algérie 9 millions. Il est probable que ces derniers se réexportent pour la France.

A présent toutes les variétés d'oranges et de citrons sont connues en Espagne, car, depuis quelques années, on y a introduit la mandarine qui manquait. Cependant la culture des citrons aigres, des citrons doux, des cédrats, des pamplemousses est très-restreinte, en proportion des oranges. Quoique la maladie qui sévit en Portugal fasse aussi des ravages en Espagne, principalement dans les Baléares et à Alicante, la production générale ne s'en ressent pas parce que la culture de ces fruits s'étend rapidement dans les provinces épargnées jusqu'à présent par le fléau. Le prix des oranges varie selon la saison, la qualité et l'endroit; mais on peut le calculer de 4 à 8 centimes pièce au détail et d'un centime en gros.

Plusieurs autres pays produisent des oranges en quantité; mais les renseignements nous font défaut pour en établir l'importance à ce point de vue. Bornons-nous donc à faire mention de l'Italie, de Malte, de la Grèce, de la Turquie et de l'Egypte, et à citer les citrons aigres de Rome comme les meilleurs connus. L'Amérique du Sud produit aussi des oranges. L'île de Cuba en fait un assez grand commerce avec les États-Unis, et les oranges du Brésil passent pour être d'une qualité remarquable.

Raisins secs. — Nous croyons pouvoir dire que trois pays seulement se partagent le monopole de la production des raisins secs : l'Espagne, la Turquie et la Grèce, et encore les qualités respectives sont tellement différentes que la concurrence ne peut pas s'établir. En effet, tandis que les raisins de l'Espagne servent généralement pour la table, ceux de la Grèce et de la Turquie s'emploient pour la pâtisserie. Quelques autres pays produisent des raisins secs, mais en quantités si modiques que souvent elles ne suffisent pas à la consommation intérieure. Ainsi, le Portugal et l'Italie, pays producteurs de raisins cependant, ont dû, en 1854, en importer d'Espagne: le premier, 132,000 kilogrammes et le second 47,000 kilogrammes. L'exportation totale de l'Espagne en 1864 a été de 19,084,593 kilogrammes, représentant une valeur de 17 millions de francs dont :

9,717,240	kilogrammes	pour l'Angleterre.
2,972,129	—	pour les États-Unis.
1,600,600	—	pour la France.

Il existe en Espagne à peu près 4,500 hectares de vignes propres à la préparation des raisins secs, et qui produisent annuellement une moyenne de 30 millions de kilogrammes. Les deux parties du pays où cette culture est le plus répandue sont les provinces de Malaga et d'Alicante. Les raisins secs de Malaga, en grappes ou détachés, sont les plus beaux, les plus gros et les mieux préparés; c'est pourquoi on leur donne la préférence pour la table. Cependant les raisins d'Alicante, quoique moins beaux à la vue, sont bons aussi, et comme ils se vendent à un prix très-inférieur, la consommation à l'intérieur et l'exportation en sont considérables. On fait un grand usage de ces raisins d'Alicante pour la pâtisserie. Le prix des raisins de Malaga varie depuis 35 centimes jusqu'à 1 fr. 68 le kilogramme, selon les qualités. Ceux d'Alicante se vendent ordinairement de 40 à 50 centimes le kilogramme.

En Grèce, depuis quelques années, les vignobles de cette sorte ont pris un grand développement; ainsi, tandis qu'il y a quarante ans la production des raisins secs montait à peine à 10 millions de kilogrammes, aujourd'hui elle dépasse 125 millions. Les qualités principales sont le corinthe et *la sultanina* : cette dernière surtout est excellente par sa finesse et son goût délicat; cependant les raisins secs de Grèce, comme nous l'avons dit plus haut, s'emploient presque exclusivement pour la pâtisserie. N'ayant pas pu nous procurer les tableaux du commerce de ce pays, nous ne pouvons apprécier l'importance de l'exportation des raisins secs. On peut néanmoins la calculer par le produit d'un impôt d'exportation perçu par la douane du royaume. Cet impôt est de 10 francs pour 1,000 kilogrammes de raisins, et il a rapporté en 1866, 720,720 francs; ce qui donnerait 72,072,000 kilogrammes exportés. C'est l'Angleterre et l'Allemagne qui en reçoivent le plus.

La Turquie produit aussi en assez grande quantité des raisins secs. Ceux de Smyrne principalement sont très-bons et ils sont très-estimés dans certains pays. La ressemblance de ces raisins avec ceux de Grèce fait qu'on les confond souvent, d'autant que l'emploi est le même.

Paris. — Imp. Paul Dupont, rue de Grenelle-Saint-Honoré, 45.

www.ingramcontent.com/pod-product-compliance
Ingram Content Group UK Ltd.
Pitfield, Milton Keynes, MK11 3LW, UK
UKHW021147230726
13926UKWH00002B/985